Environmental Engineering for the 21st Century: Addressing Grand Challenges

21世纪的环境工程
应对重大挑战

原著作者◎ The National Academies of Sciences, Engineering, and Medicine

（美国国家科学院、工程院、医学院）

主　审◎王东升

主　译◎逯慧杰　李　曈

ZHEJIANG UNIVERSITY PRESS
浙江大学出版社
·杭州·

图书在版编目（CIP）数据

21世纪的环境工程：应对重大挑战 / 美国国家科学院，美国国家工程院，美国国家医学院编著；逯慧杰，李曈主译. — 杭州：浙江大学出版社，2024.1

书名原文：Environmental Engineering for the 21st Century: Addressing Grand Challenges

ISBN 978-7-308-24479-4

Ⅰ. ①2… Ⅱ. ①美… ②美… ③美… ④逯… ⑤李… Ⅲ. ①环境工程—研究 Ⅳ. ①X5

中国国家版本馆CIP数据核字（2023）第239928号

浙江省版权局著作权合同登记号：11-2023-434

This is a translation of *Environmental Engineering for the 21st Century: Addressing Grand Challenges* National Academy of Engineering; National Academies of Sciences, Engineering, and Medicine; Division on Earth and Life Studies; Division on Engineering and Physical Sciences; Board on Agriculture and Natural Resources; Board on Atmospheric Sciences and Climate; Board on Chemical Sciences and Technology; Board on Energy and Environmental Systems; Board on Earth Sciences and Resources; Board on Environmental Studies and Toxicology; Board on Life Sciences; NAE Office of Programs; Ocean Studies Board; Water Science and Technology Board; Committee on the Grand Challenges and Opportunites in Environmental Engineering for the Twenty-First Century © 2019 National Academy of Sciences. First published in English by National Academies Press. All rights reserved.

21世纪的环境工程：应对重大挑战

美国国家科学院　美国国家工程院　美国国家医学院　编著
逯慧杰　李　曈　主译
徐雪英　校

责任编辑　金　蕾
责任校对　张凌静
封面设计　黄晓意
出版发行　浙江大学出版社
　　　　　　（杭州市天目山路148号　邮政编码310007）
　　　　　　（https://www.zjupress.com）
排　版　杭州晨特广告有限公司
印　刷　杭州捷派印务有限公司
开　本　880mm×1230mm　1/32
印　张　7
字　数　160千
版印次　2024年1月第1版　2024年1月第1次印刷
书　号　ISBN 978-7-308-24479-4
定　价　58.00元

中译本序

环境工程是一门以工程学原理和技术为基础,研究和解决环境问题的多学科高度交叉的应用科学。它以解决环境问题为导向,以环境治理研究为主要任务,自20世纪70年代以来得到迅速发展。近年来,环境问题表现得更加具有综合性与复杂性,多种微观尺度和宏观尺度的环境变化交互影响,全球变暖、生态安全问题等进一步推动了环境工程的科学原理和关键技术的创新。联合国环境发展署在2021年发布了《人与自然和谐共处:应对气候、生物多样性和污染危机的科学蓝图》,其指出了当前三大环境危机的严峻性,并提出了应对这些危机的具体措施。我们必须认识到,从英国的伦敦烟雾事件、日本水俣病到全球气候变暖、生物多样性丧失,全球环境问题的影响范围、时间尺度、作用方式都发生了深刻的变化。因此,环境工程学科需要转变科学研究的范式,深入探索人类—环境—生态与发展的长期作用关系,不断提出更有前瞻性和战略价值的方向与策略。

我国环境工程学科经过几十年的发展,已经形成了与国际接轨并具有中国特色的学科体系,多个方面已实现国际并跑或领跑。在新的发展时期,环境工程学科既要关注解决环境保护与治理的工程难题,也必须突破以末端治理为主要目标的学科局限,并与新科技革命同步，与分子生物学、新材料、信息技术、卫星遥感、人工智能等深入交叉融合，推动科学原理的原始创新和颠覆性技术的发明创造。

环境问题的产生和变化往往超越了国家与地区的界限，对全球生态系统、人类健康和经济社会发展产生了深远的影响，因此需要采取国际科研合作和政策协调等来应对挑战。由美国科学院、工程院和医学院组织专家编写的《21世纪的环境工程：应对重大挑战》这份共识报告，深入探讨了未来面临的五个重大挑战，概述了环境工程师在这一急剧变化时期的关键作用和未来的研究框架，对我国环境工程研究人员了解国际发展趋势、达成共识和推动合作具有借鉴意义。

本书既是环境工程研究人员的战略方向指引，也可作为广大学生和相关从业人员的参考资料。希望读者能够结合解决我国环境问题的实际需求和学科的发展重点，对书中的观点和方向进行选择性借鉴，借他山之石而攻己玉。

曲久辉

中国工程院院士

清华大学环境学院特聘教授

2023年9月

原著作者序

2019年，美国国家科学院、工程院和医学院召集了一个由杰出的环境工程师、科学家和政策专家组成的委员会，其任务是探讨未来几十年环境工程面临的重大挑战和机遇，并描述环境工程领域及其相关学科将如何发展以更好地应对这些挑战。本研究由美国国家科学基金会、能源部和达美航空管理委员会提供经费支持（完整的任务说明见附录A）。

该委员会并未将重点放在环境工程领域的具体挑战上，而是关注那些需要环境工程专业知识来帮助解决和管理的21世纪的紧迫挑战。该委员会向科学界、非政府组织和更广泛的公众征求意见，并从之前环境工程与科学教授协会的"重大挑战"研讨会上受到启发[1]。该委员会总计收到450多个关于重大挑战的议题。本书厘清了需要解决的相互关联的五大挑战，以确保人类和生态系统的健康发展。对于每一项挑战，该委员会讨论了需要知识和技术创新的领域，并提供了环境工程师可能发挥作用的例子。

这项研究以2008年美国国家工程院（National Academy of Engineering，NAE）"重大工程挑战"研究中列出的14项挑战为蓝本，如果完成这些挑战，地球上人类的生活有可能得到根本改善。NAE的重大工程挑战涵盖健康、可持续性、安全和更高质量的生活,其中一些挑战与本书讨论的挑战重叠,包括提供清洁用水、开发固碳方法、降低太阳能的价格、氮循环管理以及修复和改善城市基础设施。NAE的研究和随后的推广工作也引发了许多的教育倡议,如专门培养具备应对21世纪挑战的能力的工程师的"NAE本科生创新计划"。该委员会希望这项工作能够基于环境工程教育、研究和实践方面的进步,在迎接21世纪的重大挑战方面取得实质性的进展。

为了提供公正和批判性的评论,有着不同的观点和研究专长的专家对这份研究报告草案进行了独立审查,以帮助美国国家科学院、工程院和医学院评估其满足机构标准要求的质量、客观性、证据与响应性。为保证审议过程的公正性,审查意见和草稿是保密的。我们感谢对本书进行审阅的以下专家:Robert F. Breiman(罗伯特·F.布赖曼),美国国家医学院,埃默里大学;Paul R. Brown(保罗·R.布朗),保罗·雷德弗斯·布朗公司;Virginia Burkett(维尔吉尼娅·伯克特),美国地质调查局;Greg Characklis(格雷格·查拉克利斯),北卡罗来纳大学;Paul Ferrão(保罗·费劳),葡萄牙里斯本技术大学;Peter Gleick(彼得·格莱克),美国国家科学院,太平洋发展、环境与安全研究所;Patricia Holden(帕特里夏·奥尔登),加州大学圣巴巴拉分校;James H. Johnson Jr.(詹姆斯·H.约翰逊),霍华德大学;Michael C. Kavanaugh(迈克尔·C.卡瓦诺),美国国家工程院,Geosyntec咨询有限公司;Daniele Lantagne(达妮埃莱·兰塔涅),塔夫茨大学;David Lobell(戴维·略韦利),斯坦福大学;Al McGartland(阿尔·麦加特兰),美国环境保护署;James R. Mihelcic(詹姆斯·R.米海尔契奇),南佛罗里达大学;Patrick M. Reed(帕特里克·M.里德),康奈尔大学;Jerry L. Schnoor(杰里·L.施诺尔),美

国国家工程院,艾奥瓦大学;Peter Schultz(彼得·舒尔茨),能源与
环境咨询国际公司;John Volckens(约翰·沃尔肯斯),科罗拉多州
立大学;Robyn S. Wilson(罗宾·S.维尔松),俄亥俄州立大学;
Yannis C. Yortsos(扬尼斯·C.约特苏斯),美国国家工程院,南加利
福尼亚大学。

虽然上述审稿人提供了许多建设性的意见和建议,但他们无
须赞同本书的结论或建议,也没有在本书发布前看到最终稿。本
书的审查由卡内基梅隆大学的 Chris Hendrickson(克里斯·亨德里
克森)和 Jared Cohon(贾里德·科洪)监督。他们的职责是确保按照
美国国家研究院的标准对本书进行独立审查,且所有的审查意见
均被认真考虑。最终的内容完全由该委员会和美国国家研究院
负责。

The National Academics of Sciences,
Engineering,and Medicine
美国国家科学院、工程院、医学院

内容概要

环境工程师服务于人类以及人类和地球交叉领域的福祉。几十年来,这一领域通过供水、废物处理以及空气、水和土壤的污染防控改善了无数人的生活。这些成就证明了环境工程具有多学科交叉、实用性和系统导向性的特点。

未来,人类社会和环境面临严峻的挑战。随着人口增长、资源需求增加及气候变化,人类对地球的影响在不断加剧。我们能否在满足子孙后代实现同样目标的情况下,为不断增长的人口提供更高质量的生活?

在美国国家科学院、工程院和医学院的支持下,由18位美国知名的环境工程师、科学家和政策专家撰写的本书概述了环境工程师在这一急剧变化时期所起的关键作用,确定了21世纪环境工程师在以下五大紧迫挑战方面可以有所作为:

1. 可持续地供应食物、水和能源;

2. 控制气候变化并适应其影响;

3. 设计无污染和无废物的未来;

4. 创建高效、健康、有韧性的城市;

5. 采取明智的决策和行动。

本书虽然有一个宏伟的蓝图,但未来面临的挑战十分艰巨。环境工程师每天都在取得新的进展,既运用现有的知识和技能,也

i

通过推进研究和创新来产生新的见解与成就。通过不断聚焦和努力，为解决人类多方面的棘手问题提供切实有效的方案，环境工程可以基于过去再创辉煌，并在未来几十年开辟新的领地。

翻译出版说明

1.鉴于原著图片的序号编制不统一,即有的图片有编号,有的图片没有编号,考虑到中国的出版规范的实际情况,在中文版中统一对图片不进行编号。

2.原著的图1-2、图1-6、图2-1、图4-1不放入中文版中。

3.原著正文第18页有替换图(原著中该图片没有编号);原著的图3-2、图3-3有替换图;对个别图,应版权方的要求,备注图片来源。

4.为了与其他章的结构一致,中文版把环境工程师的工作全部作为对应章节的最后一节来体现,这一变动主要表现在第3章的结构改变上。

目　录

CHAPTER **1**

概　述

自文明诞生以来,人类不断改造环境以适应和满足自己的需求。例如,几个世纪以来,农业、采矿、制造业、交通运输和能源生产的进步极大地提高了人们的生活水平。然而,这一进步是以牺牲地球自然系统为代价的,这一代价对个体来说并不公平。工业时代的到来、人口的快速增长、人类对环境的影响加剧,使人类社会与环境之间产生了巨大的摩擦。最糟糕的情况是人类的生活中出现了笼罩在城市上空的污染,森林的无序开发,被危险的化学物质污染的河流、湖泊和土壤,物种灭绝以及气候变化。

环境工程领域是为了在满足人类和环境需求的同时,减轻与人类活动相关的不利影响。在支持保护自然资源和人类健康的民意影响下,以及旨在减少最恶劣的环境破坏事件的法律推动下,该领域在过去几十年中取得了令人瞩目的成就。然而,以往的方案不足以解决未来的问题。随着人类面临越来越多样化的挑战,环境工程必须在其独特优势的基础上,设计和实施有远见的解决方案,并不断发展以服务于人类和地球的最佳利益。

1.1　什么是环境工程

环境工程的最显著的特点是其从业者所解决的一系列的问题。从广义上讲,环境工程师在人与环境的界面上设计系统和提供解决方案。在历史上,这项工作的重点是给水和废水处理,使该领域根植于卫生系统设计和公共卫生保护。20世纪70年代,随着该领域的重点扩展到应对空气、水和土壤污染,"环境工程"一词取代了之前的"卫生工程"一词。同时,该领域的设计方法从关注工程处理系统更多地转向强调生态原则和过程。近年来,该领域已经进一步扩展到处理新污染物,减少商品和材料中的化学品接触以及绿色制造与可持续城市设计等领域。

为了支持这些行动,许多环境工程师学习了各领域的专业知识,其涵盖范围有水文学、微生物学、化学、系统设计和市政基础设施。约半数的环境工程师拥有研究生学位,从业者将他们的技能应用于工业、政府、非营利组织和学术界等众多领域。由于受过系统性解决问题的培训,环境工程师经常充当科学家、工程师、决策者和社区之间的桥梁来权衡与评估各种选择,并设计成本效益高、务实的解决方案。

环境工程学科没有单一的、被广泛普遍认可的定义。本书也不侧重于对该领域的定义,而是试图勾勒出环境工程的专业知识、技能和重点领域以帮助解决未来挑战的愿景。如本书最后一章所述,实现这一愿景需要以该领域传统的核心竞争力为基础,与新的环境工程实践、教育和研究模式互补。

🍃 建立在非凡的遗产之上 ————————

　　尽管环境工程这一术语仅仅被使用了几十年,但这一领域的历史却可以追溯到几个世纪前。罗马人建造了高水平的污水处理和供水系统,其中一些至今仍在向罗马供水。印加人和玛雅人开发了创新系统,为库斯科和蒂卡尔等大城市提供清洁的水。现代环境工程的开端通常可以追溯到19世纪伦敦创造的第一个市政饮用水过滤系统、第一个连续加压饮用水供应系统和第一个大型市政卫生下水道。这些设施的进步遏制了疾病的传播,显著改善了人们的生活质量。20世纪初,以氯为基础的水处理消毒和废水处理技术使城市的人口死亡率显著下降[1]。

　　一系列的环境危机推动了预防和减轻空气、水与土壤污染等法律的制定,环境工程在整个20世纪中不断得到发展。1952年的伦敦烟雾事件导致数千人死亡,故英国议会通过了第一部旨在限制家庭和工业排放烟雾的法律。在美国,由于洛杉矶和其他城市里汽车排放的尾气损害健康,1970年通过了《清洁空气法》。环境工程师与大气化学家和其他科学家通力合作,通过研发污染物及其来源的模型,监测排放,确保民众遵守法规,设计和实施改善空气质量的技术来应对污染。这些努力使美国在1970—2017年间常见的空气污染物的排放量下降了三分之二[2]。

同一时期也出现了减少水污染的重大运动。1969年，美国俄亥俄州凯霍加河发生火灾，引发公众对向河流和溪流倾倒工业与生活垃圾这一普遍做法的关注。1972年，美国的《清洁水法》禁止未经许可将污染物从管道和其他点源排放到通航水域。1974年，美国国会通过《安全饮用水法案》并制定了公共供水系统的标准。环境工程师通过开发水处理技术以及新的分析方法与建模工具量化、减少河流与溪流的污染来支持这些法律的执行。

另一个臭名昭著的事件将公众和环境工程师的注意力聚焦到土壤与地下水的污染上。20世纪50—60年代，2.1万多吨危险化学品被倾倒在美国纽约拉夫运河附近一个70英亩①的工业垃圾填埋场，渗入地下水和土壤，影响了数百名居民的健康[3]。为了应对这场灾难，美国国会于1980年通过了一项启动超级基金计划的法律。该计划呼吁美国环境保护署实施补救措施和处理技术以减少指定地点的污染物[4]。目前，环境工程师通过提供专业技术知识来评估和修复现有的污染物，并通过设计新的工艺和处置方法来预防未来的污染，这发挥着至关重要的作用。

1.2　21世纪的新压力

21世纪，人类对环境将会造成更大的压力。过去的几十年里，随着生活条件的改善，人类预期的寿命得到大大增加，预期还会持

①1英亩≈4046.9平方米。

续增加[5]。联合国预测,到2050年,世界人口将达到98亿人,比现在增加约30%[6]。随着人口数量的增长,人类对自然资源的需求和对自然系统的影响也将随之增加,这些影响将在不同的领域以不同的方式显现。到2050年,至少三分之二的人口将居住在城市,这将给提供洁净的水、食物、能源和卫生设施的城市系统带来更大的压力。就像发达国家在20世纪初所经历的那样,低收入国家的经济和人口的快速增长可能会使基础设施遭受巨大的威胁,并导致污染急剧增加。与此同时,不同收入水平的国家都面临着现有政策、技术和基础设施无法应对气候变化等原因所带来的新挑战。

大多数的环境工程专业知识集中在发达国家,然而最棘手的挑战却集中在世界上较贫穷的地区。全世界超过10%的人每天的生活费不足1.9美元,缺乏获得基本服务和经济的机会[7]。20多亿人仍然无法获得基本卫生服务[8],10多亿人无电可用[9],30多亿人依赖会产生室内空气污染物的家用能源[10]。不安全的空气和水是造成全世界疾病与死亡的主要因素之一[11]。尽管目前我们在经济上取得了一定的进步,但在未来几十年里,满足世界上大量极端贫困的人口的基本需求仍将是一项艰巨的任务。

与此同时,越来越多的人的生活水平在逐步提高。自1990年以来,生活在极端贫困中的人口比例已经减少了一半[12]。中国、巴西和印度近年来的经济增长使每年大约1.5亿人摆脱贫困,进入中产阶级[13]。这种增长无疑对人们的福祉和生活质量有积极的作用,但也有可能造成或加剧富裕国家过去一直在努力解决的环境问题。过去的一些错误可以通过后见之明、公众意识和新技术来避免。尽管如此,预计世界日益壮大的中产阶级的购买力和消费需求将持续增加,通常会导致资源和能源使用的增加,对生态系统、生物多样性和人类健康产生负面影响。联合国可持续发展目标提供了一个指导经济发展的框架,能最大限度地减少其潜在的负面影响。本书概述的环境工程师面临的重大挑战与这些目标密切相关。

除了与人口增长、城市化、贫困和经济发展相关的驱动因素外,气候变化几乎使所有的环境挑战都变得更加复杂。预计包括热浪、干旱、飓风、野火和洪水等在内的极端天气将频繁出现,给供水、农业和建筑环境带来巨大的压力。全球变暖已经导致古老的病原体重新出现,并将虫媒疾病传播到新的地区。对于越来越多的滨海居民来说,海平面上升和风暴潮已对生命与财产造成威胁。这些趋势对发展中国家和发达国家都造成了紧迫的威胁。

 ## 可持续发展目标

联合国发布的《2030年可持续发展议程》体现了以负责任的方式改善世界较贫穷地区生活质量的愿景,该议程阐明了17项战略目标,旨在"消除贫困,保护地球,确保全人类繁荣"[14]。环境质量的提升有可能促进这些目标的达成,其中至少有10个目标与环境工程师的工作直接或间接相关。

目标2:零饥饿

目标3:健康和福祉

目标6:洁净的水源和卫生设施

目标7:低价的清洁能源

目标9:工业、创新和基础设施

目标11:可持续发展的城市和社区

目标12:负责任的消费和生产

目标 13:气候行动

目标 14:水下生命

目标 15:陆地生命

1.3　环境工程的新愿景

环境工程师帮助美国和其他国家走出了拉夫运河和城市雾霾等环境危机的深渊。美国俄亥俄州的河流不再熊熊燃烧。霍乱和其他曾经流行的介水传染病现在在美国非常罕见,甚至比雷击构成的威胁还要小。这些成功值得庆祝,也体现了该领域创建的系统和解决方案的方法具有价值。这些方法以完整的科学、生态和工程原则为基础,同时具有成本效益、可行性,为环境工程师所服务的许多利益相关者所接受。

但战斗远未结束。污染和介水传染病在全球持续存在,河流仍有石油泄漏导致的燃烧风险,数十亿人无法获得洁净的水、食物、卫生设施和能源。随着人口增长、需求加剧,人类在地球上的印记越来越深。简而言之,未来的挑战与过去面临的挑战的性质不同,其规模也更大。

目前,环境工程师所处的政策环境也与过去已取得成就的政策环境不同。20世纪70—90年代,法律更多地将公众的注意力和资金引到大规模的基础设施扩建、基础研究和环境修复技术开发上,但其无法应对当今国家和全球的挑战。立法可能不是未来创新的主要驱动力。

我们面对这一急剧增长和变化的时期时,需要退一步考虑环境工程师在满足人类和环境需求方面可能扮演的新角色。尽管描述、管理和修复现有的环境问题的努力仍然至关重要,但环境工程师还必须将他们的技能和知识用于设计、开发与交流具有创新性的解决方案,以避免或减少环境问题。环境工程领域的核心不仅强调与人类需求和环境状况有关的具体目标,而且强调全面考虑人类行为的后果,这对于制定未来几十年所需的解决方案具有独特的价值。

本书指出了21世纪面临的五大紧迫挑战,环境工程师有独特的优势来帮助应对这些挑战:

1. 可持续地供应食物、水和能源;

2. 控制气候变化并适应其影响;

3. 设计无污染和无废物的未来;

4. 创建高效、健康、有韧性的城市;

5. 采取明智的决策和行动。

这些重大挑战源于促进人类和生态系统共同繁荣的未来世界

的愿景。虽然这个愿景雄心勃勃,但在短期和长期内,朝着这些挑战迈出重大的步伐是可行的,也是必要的。

这些挑战是环境工程教育、研究和实践方面的重点领域,它们可以发挥更大的影响。实施这种新模式需要调整目前的课程,创造与复杂社会和环境问题相适应的跨学科研究方法。它还需要不同学科和背景的学者与从业人员组成更广泛的联盟,并与社区和利益相关者建立真正的伙伴关系;需要加强与经济学家、政策学者以及企业家的合作以了解和管理跨部门的协同。最后,开展这项工作还需照顾历史上曾被排除在环境决策之外的人群的需求,例如那些处于不利的社会经济地位的个体、代表性不足的群体成员或其他方面被边缘化的个体。

未来30~50年,我们将面临严峻的挑战,但美好的未来也在前方。以往鉴来,利用现有的知识和技能,不断成长,担任更多的新角色,环境工程师有能力设计一个更健康、更具有韧性的世界。

重大工程挑战的启发

本书的灵感部分来自美国国家工程院在2008年公布的"重大工程挑战"报告。该报告旨在激励全球各地的年轻的环境工程师应对21世纪人类面临的最大挑战。一个由领先的技术思想家组成的国际小组确定了可持续发展、健康、安全和高质量生活等跨领域主题中的14项挑战,其中有7项挑战(绿色)需要环境工程师做出巨大的努力。

- 推进个性化学习
- 网络空间安全
- 太阳能经济化
- 清洁用水供给
- 增强虚拟现实
- 核聚变供能
- 大脑逆向工程
- 防止核恐怖主义
- 设计更好的药物
- 氮循环管理
- 发展健康信息学
- 开发固碳方法
- 修复和改善城市基础设施
- 设计为科学发现服务的工具

CHAPTER 2

重大挑战1：可持续地供应食物、水和能源

为全球不断增长的人口提供食物、水和能源等生活必需品是一个重大的挑战。在不威胁环境、未来世代的健康或生产力的情况下实现这一目标则是更大的挑战。

高收入和低收入国家面临的挑战有所不同。在低收入国家,许多供水、供能和废水处理的基础设施根本不存在,而经济和社会差距使得这些基本服务对数十亿人来说是遥不可及的。全球有近8亿人处于营养不良的状态[15];5岁以下儿童的死亡中,与营养有关的因素占45%[16]。2015年,全球有8.44亿人无法获得安全饮用水,23亿人没有便利的基本卫生服务[17]。全球超过10亿人,没有电力供应,约占全球人口的1/7[18]。这些问题在非洲撒哈拉以南地区和中南亚地区最为严重[19]。高收入国家拥有成熟的生产和供应系统,可以为本国人民提供食物、水和能源,但这些系统往往较为浪费资源并排放有害污染物。在许多地方,供水和卫生设施的使用时间已经超出了其建设规划的期限,这给维持预期的水质和可靠供应带来了巨大的挑战。

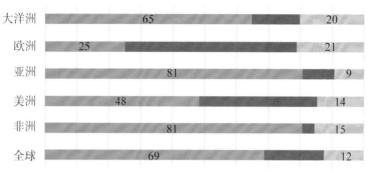

2010年按部门和各大洲划分的取水百分比

这些挑战之所以复杂,是因为食物、水和能源有着密不可分的联系。全球约70%的取水量用于农业(灌溉、畜牧业或水产养殖),农业用水约占所有消耗用途的80%~90%[20]。农业活动将营养物质和污染物排放到地下水与下游水体中,破坏陆地和水生态系统,威胁人类赖以生存的水资源[21]。据估计,食品生产和供应链消耗全球能源总量的30%,并产生全球22%的温室气体排放量(包括填埋食品垃圾产生的气体),但这些计算存在不确定性[22]。全球能源结构仍然以化石燃料为主导,化石燃料的开采和使用过程中的用水量大且易造成水污染。

未来几十年,随着人口数量的增长、生活水平的

提高和气候变化的加剧，为所有人可持续地供应食物、水和能源将变得更加困难。需要通过创新来增加供应、改进分配、减少浪费、提高效率和减少需求。由于食物—水—能源的联系非常紧密，这一领域的潜在的解决方案或需求往往会对其他领域产生影响。当我们努力满足不断增长的人口的基本需求时，采用一种全面性、系统性的方法以平衡资源需求是至关重要的。

2.1 推动农业可持续化

未来的几十年内，在最大限度地减少对水、土壤和气候影响的同时，为不断增长的全球人口提供食物是一个巨大的挑战[23]。到2050年，可能需要养活新增的26亿人口，而经济水平的提高将增加能源使用和对肉类与奶制品等资源密集型饮食的需求。气候变化也使水资源和农业生产力的压力增大[24]。同时，暴风雨和其他因素对食品供应链造成干扰的可能性更大[25]。

几乎所有可用于经济上可行的粮食生产用地都已被利用，而其余的土地，如热带森林和草原保护区则维持着生物多样性与其他重要的生态系统服务的可持续性[26]。因此，增加粮食供应需要通过提高现有农业的效率和产量、减少食品浪费与改变饮食习惯来实现，而不是通过增加新的土地。

2.1.1 减少环境影响的同时提高农业产量

在过去的一个世纪里，随着机械化和肥料、杀虫剂、植物育种、灌溉技术的进步，农业产量稳步增长。在美国，这些技术进步既保证了国内食品供应的安全可靠，同时产生了农产品和食品贸易的顺差。

农业技术、数据收集和计算科学的进步为进一步提高效率与增加产量提供了机会。可以设计传感器检测和诊断田间或温室中的植物病害，以减少农业生产的损失[27]。精确施用杀虫剂、除草剂和肥料可以在不影响产量的同时大幅减少农药使用[28]。更好地认识农业微生物可能有助于改善土壤结构、提高饲料利用效率和营养元素的获取，并增强对压力和疾病的适应能力[29]。选择性育种、基因工程和基因编辑可以用于培育在不断变化的气候条件下保持生产力的作物品种[30]。

近年来，数据产生量迎来爆发式的增长，为提高食品和农业生产的韧性与效率提供了许多的机会。为了有效地制定决策，分析数据集时必须考虑多个因素。例如，了解产量时需要分析植物遗传学、农场管理实践、当地的环境条件和一系列时空尺度上的社会经济因素等。为了促进这些进步，需要能够操纵和分析如此庞大而复杂的数据集的标准与工具[31]。

低收入国家正在通过一些创新性的努力来提高作物产量和效率，同时将其对环境的影响最小化。例如，印度研发出一种新型拖拉机挂载式播种机，可以在稻田中种植小麦，而无须在水稻收获后燃烧剩余的秸秆。这种做法通过避免燃烧生物质，减少了空气污染，并保留了土壤有机质，增加了作物产量[32]。低成本传感器和手机工具的进步可以为农民提供种子、水和肥料的应用指导，以最大限度地提高产量，避免不必要的投入。

为消除稻田秸秆废料焚烧而设计的小麦播种机（印度）

当今，一些提高产量的措施可能会带来更大的环境负担。例如，据估计，如果不牺牲周边生态系统的水质和土壤资源，美国的大豆产量可能无法继续得到提高[33]。环境工程师可以与农业工程师合作，评估创新策略的环境效益和影响，从而推动农业的可持续发展。

室内水产养殖和垂直农业的创新正在使新兴农业技术的发展更有可能。可以将这些设施设计成利用可循环的营养元素、碳和水来生产食品，从而最大程度地提高水资源利用率，减少化肥使用和污染。排放的废水经过处理后甚至可以比进入设施时更干净[34]。由于这些农场不需要农业用地，因此可以将其建在靠近城市中心的地方，提高供应链的潜在韧性，并减少配送所需的能源消耗。开展基于成本、能源、水资源利用和污染等因素的全生命周期分析，对于开发可行且具有成本效益的室内农业系统是非常重要的。

垂直农业采用堆叠的种植托盘和人工照明的方式,在没有土壤的条件下栽培绿叶蔬菜,与传统的土壤种植方法相比,可以减少90%的用水量

2.1.2 减少食物浪费

扩大食品供应最好的一个方式就是减少食物浪费。据估计,全球范围内每年生产的粮食中有多达三分之一(约13亿吨)被损失或浪费[35]。这种损失和浪费发生在整个食品链中:

● 在田间,食物收获时发生损失、遗漏或由于经济或天气原因未进行收获;

● 收获后,食品在储存过程中变质;

● 在加工阶段,食品发生漏损或不适宜加工;

● 在分销阶段,食品在运输或等待销售时受损或变质;

● 在消费端,食品变质或被丢弃。

在拉丁美洲、非洲和亚洲等低收入国家,大多数的食品损失(至少85%)发生在食品到达消费者之前;在高收入国家,30%以上的食品损失发生在消费者层面。这些损失威胁着粮食紧缺地区的食品供应,并浪费了土地、能源、水和农业投入。

减少食品损失需要涉及从田间到餐桌整个食品链上的技术和系统,包括收获、运输、加工和储存。例如,基于纳米技术的保护膜(在某些情况下可食用)可以延长保质期,且不需要冷藏[36]。指示食品质量和安全的低成本传感器可进一步减少食品损失。有效的策略还需要考虑影响食品浪费的各利益相关者的态度和行为。

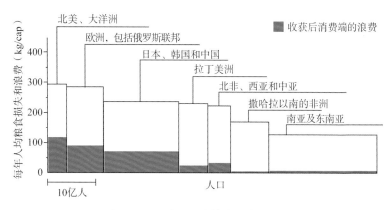

世界不同区域的人均粮食损失和浪费

2.1.3 改变膳食模式

畜牧业排放的温室气体总量约占人类排放的温室气体总量的14.5%。牛肉和乳制品生产排放的温室气体占畜牧业排放的温室气体总量的近三分之二[37]。与植物蛋白质相比,牛肉和乳制品生产每单位蛋白质需要更多的淡水。同时,由于人口增长和中低收入国家生活水平日益升高所带来的需求增加,全球肉类产量可能会在2016—2026年间增加12%[38]。

改变饮食模式,减少对牛肉等动物蛋白质的需求,可以减轻养活全球人口的环境和资源负担。世界资源研究所估计,这种膳食模式变化可以使同样的农业土地和种植模式下可养活的人口增加30%[39]。

现在出现了各种素食蛋白质产品,包括新型的植物性产品和在培养基中生长的动植物组织细胞制成的蛋白质产品。如果这些产品能够以实惠的价格大规模生产并被消费者接受,可以减少对畜牧业的需求,从而减少动物源蛋白质对土地、能源和水资源的需求及其相关的环境影响,并增加食品供应。

2.2 克服水资源匮乏

据预测,到2055年全球用水量将增加55%,其中,巴西、中国、印度和俄罗斯的增长最为显著[40]。与此同时,过去通常为生态系统和人类提供淡水的地表水与地下水资源也正面临越来越大的压力。淡水是一种有限资源,湖泊、河流和地下水中的淡水只占地球水资源的0.77%[41]。虽然地球淡水的总量不变,但其时空分布的差异很大。21世纪初,澳大利亚经历了千禧年干旱,这是自欧洲殖民以来最严重的干旱[42]。美国加州最近经历了一场创纪录的多年干旱,随后在2016—2017年发生了创纪录的洪水。气候变化可能会使这样的极端情况出现得更加普遍[43]。

需求超过可用水资源会导致水资源匮乏,使用者之间不断发生竞争。如今,每年至少有一个月,水资源短缺影响到每一个大洲和全球约28亿人[44]。生活在缺水地区的人们特别容易受到干旱和其他极端天气事件、环境退化和冲突的影响。最近,南非开普敦市的城市供水几乎枯竭。在不损害环境的条件下,为满足日益增长的人口对水的需求,需要创新供水方式,提高供水效率,为有需要的人们分配洁净的水资源。

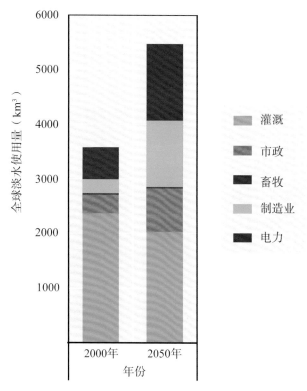

2000年和2050年(预测)的全球淡水使用量(不包括旱作农业)

2.2.1　供水的创新

人们越来越少地使用传统的增加水源的方式,如修建水坝和水库等,部分原因是人们逐渐意识到传统方式对环境的影响[45]。此外,全球地下水的消耗率也在不断增加[46],亟待寻找替代性的供水方式。

几千年来,生活在缺水地区的人们开发了从海水中提取淡水的方法。截至2015年,全球约有18000座海水淡化厂,其中,近一半位于中东和北非,其使用反渗透和蒸馏等技术每天生产近230亿加仑①的淡水[47]。虽然海水淡化在缺水地区很重要,但因其仍然过于昂贵且能耗巨大,无法将其作为提供淡水的普遍的解决方案。发展替代性、低能耗的方法可以改变这种现状。例如,研究人员开发了一种嵌入吸热纳米颗粒的膜,其可以利用太阳能驱动膜蒸馏。这种技术可以为那些没有洁净的水资源的家庭或社区提供离网海水淡化[48]。通过研究理解和减少环境影响,并开发经济有效的含盐水的管理方法,有望增加海水淡化在水资源匮乏地区的使用[49]。

城市越来越多地通过回收和再利用非常规水源来寻找新的供水途径,如雨水,市政废水,可再利用废水(洗衣、淋浴和非厨房水槽的水)与受污染的地下水。从单体建筑或社区收集雨水或可再利用的废水,并将其用于非饮用的用途(如灌溉、街道清洗、消防、工业过程、供暖和制冷以及马桶冲洗)

①1加仑(美制)≈3.785升。

的新技术越来越有可行性[50]。

城市也在转向使用饮用再生水系统,使用先进的处理技术从废水中去除污染物,以提供早期的饮用水供应[51]。

废水再利用比引水和地下水等传统供水在替代水源的成本上更昂贵(假设这些替代水源能以传统的成本获得),而公众是否接受饮用再生水仍是一个挑战。需要进一步发展低成本的实时传感器(或可靠的替代物)来用于检测化学和微生物污染物以确保水质及其安全[52]。开发社区规模的低维护且具有质量保证的再生水系统,将进一步提升水回用技术的使用[53]。

2.2.2 提高用水效率

在过去的几十年里,全世界在减少用水量方面取得了重大进展。在美国,总用水量在1980年达到峰值,主要是因为工业生产和电厂冷却的用水效率得到了提高[54]。水果和蔬菜等用水密集型商品与服务的进口量增加、产量减少也可能是造成这一趋势的原因[55]。据统计,美国人均用水率在1980—2010年间下降了40%。在许多地区,特别是历史上水资源丰富或用水价格得到大量补贴的地区,水的利用效率仍然很低,有进一步提升的空间。现有的和新兴的技术与做法为提高水利用效率提供了许多机会,使现有供应量能够更好地满足人口和全球经济快速增长的需求。除欧洲以外的每个大洲,农业都是用水最大的行业。在维持或增加农业产出的同时[56],全球范围内有大量的潜力可以减少用水需求,并且已有证据表明,水资源高效利用策略可以在几乎不降低产量的情况下提高作物的质量[57]。节水技术的范例包括农业实践,如改进作物选择、耕作方法和土壤管理,以及工程解决方案,包括改进精准灌溉工具和先进的地面传感器与遥感数据等，以更精确地评估灌溉需求[58]。需要通过创新来提高农业用水的生产率，即消耗每单位水产出的作物数量（或每滴水生产的作物数量），而不是简单地减少用水[59]。当前，"低效"的灌溉方法可能在补充地下水，并支持其他用水者或生态系统所依赖的基础流量。

放置在植物叶片上的小型石墨烯传感器可用于感知水分蒸发和测量植物的用水量，以便在需要时进行灌溉

　　除了农业领域外，还有许多其他可以减少用水的机会。在水分配系统中，检测和防漏技术可以减少供水点与用水点之间的损失。在热电站中，采用干冷却等替代冷却系统可以降低用水需求。技术或工艺的改进可以帮助如纺织、汽车制造和饮料工业等用水密集型工业节水。在家用和商用场景中，像无水马桶和无水洗衣机这样的创新技术产品可以减少用水。创新性地进行监测和通讯可以帮助人们了解自己相较于他人的用水量，从而改变用水行为。除了技术进步，经济和政策对管理有限的水资源也是非常重要的（见重大挑战5）。

2.2.3 重新设计和改造输水系统

20世纪初到其中叶,高收入国家开发的水处理和输水系统极大地改善了公共卫生[60]。许多地方的供水基础设施已超过了其预期的使用寿命,局限性越来越明显。老旧的输水系统管道正在发生泄漏,需要修复或更换以保障供水质量[61]。自2000年以来,在美国,由在供水系统中生长和传播的军团菌导致的病例增加了4倍以上[62]。一些老旧的输水系统和许多的住宅管道系统都含有铅,这在某些水质和流量条件下可能发生迁移并使居民暴露在有害的风险中[63]。环境工程师在修复、替换甚至重塑这些老旧系统中发挥了重要作用。

低收入国家面临着不同的输水挑战。在许多地区,废水未经充分处理就被排放到地表水中,导致水源被污染,使人们无法获得安全的饮用水[64]。无水厕所的进步可以改善低收入地区的卫生服务,并在全球范围内减少用水和污染,同时增加对能源和营养物等有价值资源的回收利用[65]。在没有集中式的水和废水收集、运输与处理设施的地方,分散式废水处理系统使用先进的水回用技术,可以提高水资源供应并回收污水蕴含的能量。

 一个伟大的想法:对太阳辐射进行分类以使能源、食物和水的产量最大化 ——————————————————

现在有一个新颖的概念,即在一块土地上分解太阳光谱进而最大限度地提高作物的产量、发电和处理供水[66]。反射抛物面槽可以位于田地上方,以从近红外光和远红外光中收集太阳能,而除此之外食物生产所需的太阳光谱可以传递到农作物。近红外光可用于能源收集,近红外光和远红外光可用于驱动水净化过程,如蒸馏或反渗透。太阳能产生的电可被用于农业生产或被输出至附近的人口中心。人口数量不断增长,对食物和清洁能源的需求不断增加,需要这样有创意的想法来开发具有成本效益且可扩展的方法,最大限度地提高能源、食物和水的供给效率,同时减少不利的影响。

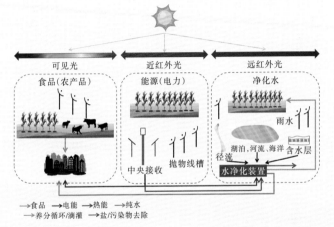

在农作物/牧场上可持续利用太阳能,实现和谐的食物—能源—水的关联。图为一种太阳光谱分解的概念图,其中,光子用于有效地管理作物/牧场,同时帮助生产食物、能源和水产品。

2.3 提供清洁能源

获得能源逐渐成为一项公认的人类的基本需求。联合国可持续发展目标 7 是到 2030 年"确保所有人都能获得负担得起的、可靠的、可持续的、现代化的能源"[67]。提高能源服务的供应可以推动经济增长,提高生产力,改善生活水平和健康水平。例如,通过供电做饭而不再使用燃烧生物质(如煤或粪便)的无通风炉灶,可以显著减少有害的室内空气污染。

随着人口的增长和中产阶级人数的增多,全球能源需求将会增加。美国能源信息署预测2015—2040年全球能源消费将增长28%[68]。全球气候变暖也正在推动能源需求的变化;预计2016—2050年空调的全球能源需求将增长2倍,需要的新增发电量相当于美国、欧盟和日本发电量的总和[69]。

2.3.1 转向更能可持续发展的能源

过去的一个多世纪中,石油、天然气和煤炭一直是美国的主要燃料,在2017年,约占能源消费的80%[70]。全球范围内,在2015年主要的能源供应中,化石燃料的占比约为80%,其余为核能、风能、太阳能、水力能、生物质能和地热能等可再生能源[71]。化石燃料燃烧是主要的空气污染源,也是导致气候变化的温室气体的主要来源。向低碳能源转型并提高能源效率将是遏制气候变化的必要步骤[72],详见重大挑战2。

环境影响不仅来自化石燃料的燃烧,还来自化石燃料的生产。采煤和石油、天然气钻探等的开采过程会对空气与水造成污染,可能损害当地的社区。例如,钻井过程中发生的泄漏或管理不当的矿山废料可能会污染地表和地下水[73]。非常规天然气开采(水力压裂)和化石燃料发电厂的冷却过程所需的大量的水资源在干旱与热浪期间可能会加重当地水资源的压力[74]。燃料的运输可能产生污染和造成泄漏事故[75]。在转向低碳能源的过程中,需要不断努力以减少这些影响。

有许多的方法可以在二氧化碳(CO_2)排放很少或不排放的情况下产生能源。太阳能和风能已经明显得到了推广。水坝水力发电、波浪能和地热能(利用地球表面下的热能)等有前途的可再生能源的获得过程里 CO_2 排放很少。

在生产可再生能源方面,需要考虑其环境影响、成本和收益。风能和太阳能项目需要占用大量的土地,大多数陆地风力发电项目需要建设服务道路,这会加剧对环境的物理影响[76]。在山脊顶部建设风力发电项目可能会破坏风景和娱乐设施。虽然通过对野生动物行为的研究,已经找到了减轻这种危害的涡轮机选址和运行方式,但风力涡轮机仍可能杀死蝙蝠和鸟类,并对它们的栖息地产生危害[77,78]。

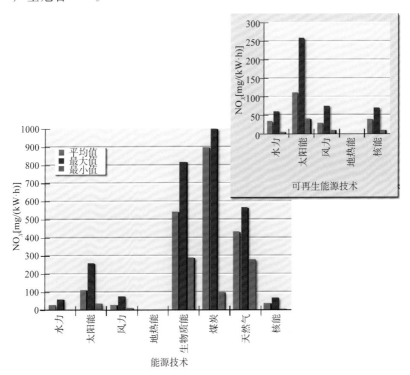

各种能源技术的全生命周期氮氧化物(NO_x)的排放环境工程师的一个重要工作是通过对所有的影响(如土地使用、水使用和污染)进行生命周期分析来比较可再生能源。

可再生能源组件的生产也会产生环境风险,包括涡轮叶片、太阳能电池和电子元件等,组件需要能源和材料来生产,这会对土地、水和空气造成影响。如太阳能电池等的生产,会产生有毒物质,可能造成土壤或水资源的污染[79]。风力涡轮机可能使用稀土矿物,其开采过程会造成严重的环境污染[80]。

将以玉米为原料的乙醇等生物燃料用于交通运输,会对食品、水和能源系统造成影响。直接从植物中提取的生物燃料影响土地和水资源利用以及农作物的价格[81]。生物燃料也可以从藻类中获取,或者通过农业、商业、家庭和/或工业废物间接生产(见重大挑战3)。中国已经安装了超过四千多万个家庭规模的厌氧消化器,其利用细菌将动植物废物转化为甲烷气体[82]。利用厌氧消化,环境工程师可以设计和创建分布式能源系统,同时减少污染。分析可再生技术全生命周期的环境影响和效益,包括能源投资回报,是环境工程师越来越重要的任务和机会。

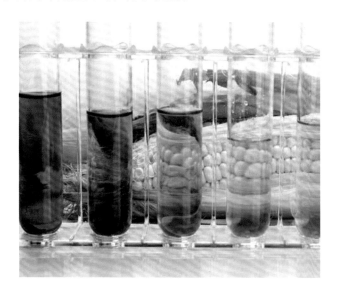

2.3.2 想方设法在需要的地方获得能源

为七分之一还没有用上电的人提供能源,需要去中心化的解决方案。随着成本的下降,与集中式系统相比,可再生能源技术为偏远地区提供了成本效益更高的替代方案,取代了会产生有害空气污染物的传统能源,如柴油和生物质燃烧等[83]。持续改进输电和储能技术以及进一步降低成本,将有助于提供可靠的可再生能源的供应。

使用可再生"微电网"已成为一种有前景的解决方案,可向未连接到传统电力网的偏远地区持续供电。微电网可以使用太阳能电池板、风能或水力发电来为社区提供更清洁、更具有成本效益的电力,发电机和电池技术可在需要时提供备用电源。美国的阿拉斯加在微电网的开发方面一直处于领先地位,自20世纪60年代以来,该州在许多柴油发电机的基础上建设微电网,这些柴油发电机一直服务于该州的偏远地区。目前,阿拉斯加的 70 个微电网约占全球可再生微电网总量的 12%[84]。在城市地区,微电网可以在自然灾害(例如飓风桑迪)期间提供备用电力,该飓风破坏了美国东北部的大部分的电网[85]。在亚洲、拉丁美洲和非洲,微电网的建设项目正在加速进行。例如,智利大学正致力于通过补充太阳能光伏、风能和电池系统,增加安第斯山脉一个小型柴油电网的 10 个小时的供电能力[86]。

在低收入国家,使用微电网和较小的独立系统(如家庭太阳能系统)为没有集中供电的农村人口提供能源是一个重要的机遇。国际能源署估计,为了在2030年实现能源全球普及,低收入国家将有3.4亿人需要接入微电网,另有1.1亿人需要使用独立的能源系统[87]。

中高收入国家面临着将可再生能源纳入传统电网运营的挑战,因此需要对电网进行重大改造[88]。可再生能源生产地与使用地可能不一致,而且与化石燃料不同的是,阳光、风能和地热能无法运输。因此,可能需要进行大规模输电。例如,在美国,大部分的风能发电是在人口稀少的高原州产生的,这促使人们提出了大规模输电项目的建议,将这些电力输送到美国中西部和东部的人口中心地区。

能源储存也是一个挑战,因为太阳能和风能驱动的发电是间歇性的。当太阳能或风力不足时,发电量可能无法满足需求;而太阳和风能充足时,电力过多,必须使用或减少电力以避免过载。为增加电网中至少有一处能获得阳光照射或风力发电的可能性,人们正在讨论一些想法,包括创建一个更大的电网或"超级电网"。

环境工程师们还在努力开发成本效益高的能量储存技术,以应对太阳能和风能的间歇性,使可再生能源在能源组合中占据更大的比例。这个领域的创新包括使用大型水坝发电,其将来自风能和太阳能装置的电能以潜在能量的形式存储起来。类似的想法是在低需求期间使用电力将周围的空气压缩到存储容器中,当需要电力时,允许压缩空气扩张驱动涡轮机[89]。其他有前途的技术包括使用轨道或飞轮进行机械储存,以及利用多余的电力制造其他的燃料(如氢气等)[90]。

 ## 利用胡佛大坝储存能量

太阳能和风能的发展催生了如何储存多余电能的新想法,尤其当太阳能和风能不足以满足需求时。2017年,美国洛杉矶水电部提议使用胡佛大坝进行储能,让日益依赖可再生能源的电网更灵活、更可靠[91]。该大坝建于20世纪30年代,用于防洪、灌溉和水力发电,将储存在米德湖的水通过涡轮机发电,并将电输送到加利福尼亚州、内华达州和亚利桑那州,为大约130万人供电。在那里,水沿着科罗拉多河顺流而下,水力发电厂可以不再利用它来发电。

提议的计划是在大坝下游约20英里①处修建一座泵站。

①1英里≈1.61千米。

其由太阳能和风能产生的剩余电力提供动力。该泵站将从科罗拉多下游收集河水,并将其送回米德湖,用于在电力短缺时发电。从本质上讲,这个过程将允许大坝上游像一个巨大的蓄电池,以势能的形式储存太阳能和风能。

　　一般来说,水电大坝抽水蓄能的经济优势使其成为大规模电能储存最广泛使用的方法[92]。但是在将该技术应用于特定的水电大坝时,有必要权衡所有的收益和成本。对成本的考虑包括与能量储存工作相关的,由于河流水位波动而可能产生的生态影响。这些波动会对河流及其附近的动植物的多样性和生态功能产生什么样的影响?此外,抽水蓄能系统附近的人们可能会受到娱乐和审美方面的影响,考虑替代能源储存解决方案的全生命周期影响时需要环境工程专业知识。

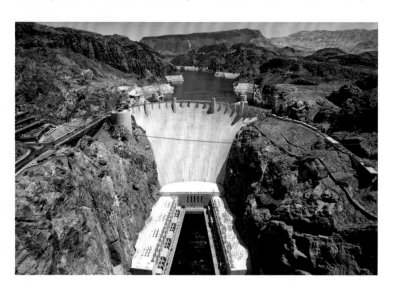

2.4　环境工程师的工作

环境工程师在解决水资源短缺方面拥有几十年的水处理和替代水供应技术的经验，但在食品供应和能源问题方面的传统经验不足。然而，在很多的情况下，环境工程师可应用系统思维来分析水、食品和能源系统的相互关系及其与环境的相互作用，开发可持续供应食品、水和能源的技术与策略，以满足地球不断增长的人口需求。

解决这一挑战需要多个学科之间的交叉融合，涉及行为和社会科学、工程与科学。环境工程师可以与农业、能源、健康、生态学、分子生物学、数据科学、社会科学、政策等其他学科的专家合作。

 系统思维

我们现在面临的环境问题是全球性的、复杂的、相互关联的。环境工程师接受的培训是将以系统为基础的观点带到解决问题的过程中，使得他们可以提供更具有创新性和适用性的解决方案。例如，环境工程师理解污染物在空气、水和土壤之间的迁移，因此可以开发减少某介质污染但不会产生不利于其他介质的后果的方法。环境工程师考虑到了各种各样的问题，这些问题通常涉及复杂的系统，例如生态服务的重要作用和价值，以及工程系统从原材料到使用结束的生命周期影响和收益[93]。

尽管环境工程师长期以来一直在思考复杂的环境系统，

但需要将这种思维方式扩展到自然界以外,包括监管环境、经济驱动因素和社会行为等更广泛的方面。例如,通过系统思维,环境工程师还可以考虑弱势群体的具体需求和视角,并理解经济激励措施和政策工具的作用,从而使社会经济行为与环境目标保持一致[94]。

环境工程师处理的是综合的、复杂的系统,包括技术、社会、环境和经济方面。这些复杂的系统很难预测,因为它们是非线性的,具有反馈机制、自适应性和新兴的行为[95]。直到最近,计算能力才增加到足以在潜在的社会和经济系统变化背景下,对技术进步进行定量评估[96]。借助这些工具,环境工程师可以帮助设计适当的、有效的和可持续的解决方案。

 环境工程师的具体职责:为地球上不断增长的人口提供食物、水和能源

环境工程师有许多的优势,可以帮助21世纪的地球人口应对清洁水和营养食物方面的挑战。

1.食品领域方面的角色

•开发系统级的"从农场到餐桌"的评估方法,以识别减少浪费、节约能源和降低水消耗的方法,并改善健康食品的选择。

•开发水、养分和杀虫剂的精准输送系统,将对空气质量、土壤、地下水和生态系统的影响最小化,同时减少浪费和能源消耗。

• 开发原位系统,以经济实惠的方式将农业废弃物转化为能源。

• 从人类和环境角度评估替代食品来源(如人造肉)的成本与收益。

• 开发水产养殖和水草种植系统,以满足不断增长的海产品需求,减少对海洋资源的影响,并通过集成营养素回收和再利用来把对环境的不良影响最小化。

• 设计城市农业系统,利用废弃能源并回收水资源,将用水量和污染最小化。

2. 供水和卫生方面的角色

• 考虑人类发展的各种条件,开发能源高效、社会可接受、可实施的水资源保护策略和技术。

• 开发低成本的海水淡化和水再利用技术,包括减少能源使用、管理和再利用废水的策略,以把环境影响最小化。

• 开发供水和水质预测工具,包括低成本、分布式传感系统,以预测水的可用性和对水质量的威胁。

• 开发和评估适用于低、中、高收入环境的能源中性或能源正值、低成本的废水处理技术,提高污染物的去除效果,将能源消耗最小化,促进水资源的安全再利用。

• 加入有创新性的跨学科团队,开发和评估低收入国家的水、环境卫生和个人卫生挑战的解决方案。

• 开发改进的诊断工具和预测建模方法,了解老化的水利基础设施,并制定经济可行的维护策略,以维持现有的基础设施提供的水服务。

3.能源方面的角色

• 对可再生技术和分布策略进行全生命周期分析,评估所提供的收益、水和能源的使用及污染。开发减少这些影响的方法。

• 探索储能方法,例如水电大坝或电池,并考虑相关的环境影响和减少这些影响的方法。

• 开发低成本方法,减少与传统能源生产相关的环境影响。

• 开发可行的、可持续的生物燃料方案。

CHAPTER 3

重大挑战 2:控制气候变化并适应其影响

我们比以往任何时候更加确定人类正在改变地球的气候[97]。通过燃烧化石燃料进行发电、交通运输、供暖、制冷和使用其他的能源,全球大气中二氧化碳(CO_2)的浓度升高到400ppm以上,上一次出现是在约三百万年前,当时全球平均温度和海平面都比现在高很多[98]。同时,化石燃料的生产以及农业和工业活动过程也向大气中排放了大量的甲烷与氧化亚氮,两者都是强效的温室气体。

急剧增多的温室气体使得更多的热量被困在地球中,过去115年全球平均地表温度已经上升了约1.8°F(1.0℃),20世纪70年代中期以来,其上升速度更快[99]。这种变暖伴随着海平面上升、北极海冰萎缩、雪层减少和其他的气候变化,全球许多城市地区的热浪显著增加。在最强的降雨事件期间,降雨量增加导致洪水泛滥,对容易受风暴潮和沿岸洪水影响的低洼沿海地区造成了进一步的压力,同时海平面上升加剧了这一问题[100]。在其他的地区,长期的干旱正在增加破坏性野火和水资源短缺的风险。

如果 21 世纪的温室气体的排放量继续增加,到 2100 年,地球温度预计会比 1986—2005 年再增加 4.7°F~8.6°F(2.6℃~4.8℃)[101]。温度越升高,影响就越大。在美国,每升高 1℃,预计最严重的降雨事件的降雨量会增加 3%~10%,种植作物会减产 5%~15%,西部州被野火烧毁的面积会增加 200%~400%[102]。预计在世界许多其他的地区也会出现类似的变化,对于没有资源来应对或适应的低收入国家,影响可能最为严重[103]。

约 5.4°F(3℃)或更高的升温可能会使地球超过几个"临界点"。例如,这种升温可能造成格陵兰岛冰盖融化,使全球平均海平面再升高 20 英尺(6 米)[104]。这也可能加速永久冻土的融化,促进储存在冻土中的二氧化碳和甲烷释放,加剧变暖[105]。虽然这些预测对于规划未来的变化非常有用,但仍有许多是不为人知的,特别是涉及人类活动、生态系统和大气之间的复杂关系。

数十年来,科学家一直致力于理解和预测气候变化的影响,但现在工程师认识到需要制定和实施解决方案。气候变化解决方案从概念上分为两个重点领域:减缓和适应。减缓指通过减少二氧化碳和其他的温室气体的排放,或从大气中去除这些气体来减少气候变化的程度或速率。适应指避免或减轻气候变化对人类、生态系统、资源和基础设施的影响。环境工程师可以为这两个方面提供解决方案,成为开发技术和系统的领导者。在开发、测试和实施解决方案时,由于未来的气候变化可能有意外情况,但保持灵活性,融入新知识并致力于解决不确定性将是非常重要的。

3.1 降低气候变化的幅度和速率

为了减缓气候变化和防止一些严重的影响，需要大幅减少温室气体向大气层的排放。过去几十年里，为了制定将地球变暖最小化的目标，一直在进行国际气候谈判，最近的目标是将未来的升温设定在比工业化前高 3.6°F（2℃）以内。2016 年，《巴黎协定》设定了将升温控制在 2.7°F（1.5℃）以内的目标。由于地球已经升温约 1.8°F（1℃），科学家计算出为了保持在 3.6°F（2℃）的限制范围内，大气中的 CO_2 浓度不能超过 450ppm，这又要求到 2050 年全球人类温室气体的排放量相比 2010 年需要减少 40%~70%，并且到 2100 年的排放水平接近于零或小于零[106]。

2018 年，由联合国政府间气候变化专门委员会发布的一份特别报告敦促世界领导人努力将升温控制在 2.7°F（1.5℃）以内，以避免升温 3.6°F（2℃）带来的极端天气，以及对生态系统、人类健康和基础设施等的严重影响[107]。实现这个更加严格的目标需要全球的碳排放量到 2030 年降低约 45%（相对于 2010 年的水平），到 2050 年达到净零排放。实现这些目标需要大幅减少全球 CO_2 的排放量并积极去除 CO_2[108]。

温室气体排放主要来源于电力、交通、工业用途、商业和住宅需求以及农业等能源利用。下图显示了美国温室气体排放来源的细分。CO_2 减排可以通过更加高效地利用能源、使用产生较少或不产生温室气体的燃料以及在进入大气之前捕集 CO_2 来实现。

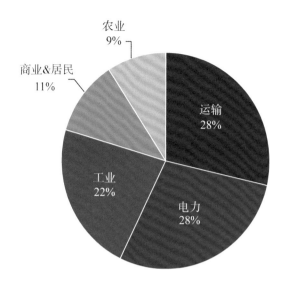

总而言之,减少碳排放需要将现有的和规划中的交通、建筑与工业基础设施转换为用碳强度更低的电力进行发电。这样做还将具有额外的益处,即减少与煤炭、石油和天然气开采以及化石燃料发电相关的环境及人类健康的影响(见重大挑战 3)[109]。

3.1.1　高效利用能源

高收入国家已经大幅减少了人均能源消耗和单位经济产出的能源消耗,这些进步得益于重大的技术变革,例如 LED(发光二极管)照明、节能家电和建筑智能化等技术的出现,将产业结构调整以提高生产力,以及对燃油节能交通技术的投资等。低等收入和中等收入国家也开始取得类似的成效。

然而,目前取得的成效不足以避免全球气温继续上升 3.6°F(2℃)。到 2050 年,超过 80% 的车辆需要使用内燃机以外的动力源[110]。工业和建筑的供暖与制冷效率也需要大幅提高。例如,一个高级委员会计算出，到 2030 年，德国建筑的效率需要提高 54% 才能实现规定的减排目标[111]。有效地实施新兴技术可以帮助实现这些目标。据估计，现有的和即将开发的用于住宅与商业建筑、交通、工业的节能技术可以使美国的能源使用量降低 30%，并减少温室气体和其他的空气污染物的排放，同时节省资金投入[112]。

3.1.2 使用产生更少（或不产生）CO_2 的清洁能源

正如在重大挑战 1 中所讨论的，有许多能源的生产过程产生很少甚至不产生 CO_2，包括太阳能、风能、地热能和水力发电。尽管低排放能源已经存在，但要普及这些低排放能源，仍有很长的路要走。截至 2017 年，美国约 63% 的电力来自化石燃料，20% 来自核能，17% 来自水力和其他的可再生能源[113]。美国能源部国家可再生能源实验室的一项研究表明，到 2050 年，美国大部分电力都可以由可再生能源产生，但面临许多的挑战[114]。尽管太阳能和风能技术的成本正在下降，但成本仍然是一个重大的障碍[115]。

如果要将温度上升控制在 2.7°F(1.5℃)以内,需要大幅转变美国的能源生产平衡,70%~85% 的电力需来自无碳排的能源[116]。在中国,成熟的工业部门和不断调整的经济结构已大幅减少了单位产出的煤炭消耗,预计这一趋势将持续下去,并随着碳排放限额和交易制度的提出而得到进一步强化[117]。此外,中国在可再生能源的发展方面处于领先地位,2016年,中国已建造了全球 45% 的太阳能装置[118]。

需要进行技术革新以提高这些能源的效率并降低成本,使其能够与传统的化石燃料能源竞争。此外,由于许多可再生能源产生的能量具有间歇性,正如在重大挑战 1 中所讨论的,需要有大容量的、可扩展的、可靠的和经济性的能量存储系统。

核能是一种低排放的能源,已经占到美国电力发电量的五分之一。增加核能的使用可以帮助减少碳排放,但存在一些障碍,包括公众对成本、安全和废物处理的关注、设计,建造核电站所涉及的来自商业和监管的高风险以及开发长期废物贮存设施方面的不足。退役现有的核电站将增加电力系统的CO_2排放,这是由于为了取代零排放核能,需要大幅增加可再生能源和其他零排放能源的使用。为了支持核能持续发展并与可再生能源相结合,需要研究下一代反应堆的先进核技术,以进一步提高其性能和安全性[119]。

可再生能源发电的电动交通系统可以大幅减少化石燃料的使用,因为90%以上的交通燃料是石油[120]。过去5年里,电动汽车技术有了长足的进展,全球上路的全电动和插电混合动力汽车的数量约为200万辆[121],汽车公司正在加大力度投资电动汽车的生产。例如,沃尔沃宣布计划在2030年之前将公司所有的车型转向电动或混合动力,福特宣布将向电动汽车投资110亿美元,通用汽车计划在2023年之前推出20款新的电动汽车[122]。英国、法国和挪威在内的多个国家、中国北京等城市以及美国几个州提出,2030年将禁止销售汽油车和柴油车[123]。实现向电力交通系统的转型不仅需要低碳能源,还需要克服许多的工程挑战,包括基础充电设施、高性能电池和更快的充电速度。

碳减排方面的进步很大程度上依赖私营部门的投资以及家庭行为和消费的选择,这些在重大挑战5中会有更详细地探讨。美国的联邦、州和地方政府可以通过政策和激励措施来影响这些选择。这些政策可以包括设置碳排放的价格,例如碳税或碳排放交易制度;提供关于自愿减排的信息和教育;旨在控制排放的法律法规,例如《清洁空气法》、汽车燃油经济标准、电器效率标准、建筑法规以及对可再生或低碳能源在电力生产中的要求。

3.1.3 推进气候干预策略

即使现在停止排放人为产生的二氧化碳,大自然也需要数千年才能将地球大气中的碳处理后达到工业化前的水平[124]。为了避免全球变暖造成的严重影响,仅减少碳排放已然不够,还需要采用负排放技术,去除并封存大气中的二氧化碳[125]。

一些二氧化碳去除策略侧重于加速二氧化碳的自然吸收的过程。例如改变农业行为可以增强土壤储碳,在农田全年种植作物或其他的覆盖作物[126]。土地利用和管理实践也可以增加碳在陆地环境中的储存量,例如森林、草地和近岸生态系统(如红树林、潮汐沼泽与海草床)[127]。最近的一项研究估计,基于自然的方法可以在具有竞争力的成本下,实现2030年控温目标(3.6°F,2℃以内)所需碳减排的三分之一)[128]。但目前尚存在许多未知的因素,需要进一步研究以确定什么样的条件和实践可以最大程度地促进植物长期进行碳吸收。同时,这些方法可能会有其他的影响,例如,在北部针叶林种植更多的树木可能导致气候变暖,因为在冬季,树木会遮挡、反射阳光,地面吸收更多的阳光,导致地面温度升高。

正在研究的其他技术旨在积极地去除和储存大气与点源中的二氧化碳。其中一种技术是种植柳枝稷这样的植物并将CO_2转化为燃料,辅以捕获和储存生物燃料燃烧产生的二氧化碳(称之为碳捕获和封存，bioenergy with carbon capture and sequestration，BECCS）。另一种方法则是使用化学方法直接从空气中捕获二氧化碳并浓缩储存（称之为直接空气捕获和封存，direct air capture and sequestration，DACS）。到2050年，许多国家仍将大

量使用由化石燃料发电产生的电力，所以这些技术需要在全球范围内推广使用。在无法实现电气化的地方以及产生二氧化碳的工业过程中也需要这些技术进行碳减排。

碳减排策略在工程中面临的挑战有降低成本、增加技术规模以及在防止存储或再利用过程中，CO_2再次得到释放。土地是通过森林重建或种植燃料作物消除CO_2的一个关键限制因素。到2050年，每年去除10亿吨CO_2（全球年排放量的四分之一）需要使用数亿公顷耕地[129]。这样大范围地使用土地可能威胁粮食安全，因为粮食需求在同一时期可能增加25%~70%[130]。因此，亟须在重大挑战1中讨论农业方面的一些突破，包括作物产率的提高、替代性的种植方式、减少食品浪费以及改变饮食习惯。

另一种气候干预策略是通过特殊处理的云和气溶胶反射阳光来减缓气候变暖。一般来说，这些技术的发展不如碳减排策略那么成熟，而且会带来更大的风险，但目前人们对这些风险的认识不足[131]。

3.1.4　减少其他的温室气体

甲烷、氧化亚氮和一些工业气体(例如氢氟碳化物)按 CO_2 当量计算占美国温室气体排放总量的18%[132]。从分子水平分析,尽管它们不如二氧化碳的含量高,但这些气体有比 CO_2 更强的气候变暖效应,并且其中一些在大气中的停留时间较短。例如,甲烷的温室气体效应约是二氧化碳的28倍,因此,防止或捕获来自石油和天然气系统、煤矿、页岩气提取与垃圾填埋场的甲烷泄漏是非常重要的[133]。为此,需要更好的系统和方法来测量与跟踪这些系统中的甲烷泄漏[134]。

农业是非二氧化碳温室气体的最大来源之一。当牲畜消化食物时,会产生甲烷,同时大量的甲烷也从稻田中释放。氧化亚氮则来自氮肥的使用,精准的农业技术可以帮助农民最大限度地减少肥料的使用和氧化亚氮的排放(参见重大挑战1)[135]。将易于消化的食物喂食牲畜,并通过正确的储存、肥料再利用和甲烷回收来管理牲畜废物,也可以帮助减少碳排放。减少农业中的甲烷排放可

以从新的知识和生物技术工具中受益,这些为研究土壤、粪便管理和畜牧消化中的复杂的微生物的生态系统提供了新的方法。

一些短期污染物虽然不是温室气体,但也会导致气候变暖。一个例

子是黑炭，通常被称为煤灰，它在大气中吸收阳光的热量。黑炭是由燃料和生物质（例如炉灶中使用的粪便）不完全燃烧产生的。黑炭还会在本来应该反射阳光的表面（例如山区的雪）上留下吸热的黑色涂层，从而加剧区域变暖。尽管直到 20 世纪 50 年代，北美和西欧一直是烟尘排放的主要来源，但目前，热带地区和东亚地区的低收入国家是主要的排放源。确定并锁定最大的黑炭排放源，对于短期内遏制变暖是至关重要的。

3.2　适应气候变化的影响

　　人们每天使用的许多的物品或活动，从道路到农田，从建筑到地铁，从工作到娱乐活动，都是在 19 世纪和 20 世纪气候条件下进行优化的。它们建立在某些温度范围、降水模式、极端的事件频率和其他气候表现的假设之上，而这些假设正在发生变化。即使人类能够成功地按照当前的目标遏制全球气候变化，也需要进行适应，以保护人类、生态系统、基础设施和文化资源免受气候变化的影响，其中的许多影响已经变得很明显。

　　海平面是已经显示出这些影响的一个方面。自 1900 年以来，由于海洋变暖、山地冰川融化以及格陵兰和南极冰盖损失，全球平均海平面上升了约 8 英寸[①][136]。这种上升导致沿海城市的洪水增加，包括暴风雨期间和由于潮汐而引起"晴天"洪水。这些洪水事件破坏经济，使紧急服务难以提供，并且不同程度地影响老年人、体弱者和社会经济地位较低的人。

---

① 1 英寸≈0.025 米。

　　到2050年,全球海平面预计将上升0.5~1.2英尺[①],到2100年,将再上升1.0~4.3英尺,这将增加洪水的发生频率和严重程度。即使在这个估计的下限,全球有多达2亿人可能会受到影响,400万人可能会流离失所(因为频繁的或永久性的洪水使低洼的开发地区无法居住)[137]。一些社区已经因海平面上升而被迫搬迁,包括阿拉斯加州的美洲原住民社区、路易斯安那三角洲的新奥尔良南部社区以及太平洋和印度洋的岛屿社区。除了洪水外,海平面上升还会引起侵蚀和盐水侵入,这会导致海岸森林的退化,改变沼泽和湿地形态,并使沿海的含水层在没有海水淡化技术的情况下,无法提供人类所需的淡水。

---

①1英尺≈0.3048米。

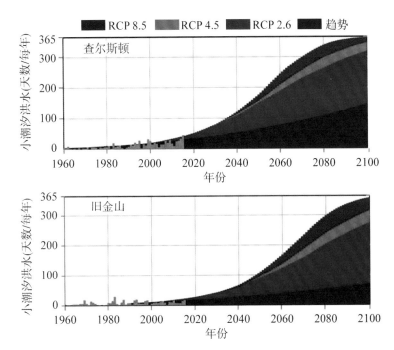

每年发生的潮汐洪水天数,也称为晴天洪水或滋扰性洪水的天数。最近记录的事件以橙色表示,未来洪水预测基于三种温室气体的排放情景,即代表性浓度路径(representative concentration pathways,RCP),范围为低(RCP 2.6)到高(RCP 8.5)

　　气候变化预计还会加剧已经存在的区域降水差异:干旱地区将更加干旱,湿润地区将更加湿润。降水模式的变化导致降雨量增加、积雪减少、冰川面积减少,"非常干旱"的土地面积增加1倍[138]。温度升高往往增加海洋、湖泊、植物和土壤水分的蒸发,加剧对降水减少地区的影响。

　　极端降水事件正变得越来越频繁,导致洪水增加,以及暴雨期间某些污染物释放量激增[139]。例如,2016年8月,美国路易斯安那州中部的降雨量超过2英尺,并持续了10天,美国国家气象局称之为"千年一遇"的事件。科学家预测,气候变化将导致最严重的飓风数量的增加,导致更强的风暴潮和更强的降雨事件[140]。2017年,飓风哈维在休斯敦的降雨量达到惊人的50英寸,这是该地一整年的降雨量。目前,人们正在评估未来发生类似强降雨事件的可能性。

随着地球气候变暖,温度变化将导致主要农作物减产,并可能加剧农业害虫和病原体带来的不利影响[141]。极端热浪将更加频繁,导致更多的野火发生,进一步降低空气的质量。特别是没有空调的城市居民更易受到热浪的威胁,因为城市热岛效应使建筑物和道路表面的温度比周围的自然环境高7°F~22°F(4℃~12℃)[142]。

这些变化将对人类社会造成许多严重的风险,影响淡水管理、生态系统、生物多样性、农业、城市基础设施和人类健康等。为了管理风险并减轻影响,迫切需要制定和部署相应的措施。相关措施的适用性因地而异,而一些气候变化的影响将超出适应范围。在某些地方,在未来几十年里,循序渐进的措施将足以管理风险。而在其他地方,可能需要进行诸如搬迁等转型性变革。由于未来的变化存在很大的不确定性[143],支持深度不确定性下稳健决策和适应性管理的工具改进将至关重要,而适应性管理是一种在获得新知识时最大限度地提高灵活性的模型。

适应策略包括从技术和工程解决方案再到社会、经济与制度方法。社会和文化因素将影响哪些策略是当地社区可接受的。以下例子突出了当前正在制定的适应策略和未来的重点领域。在重大挑战1的背景下已讨论了与水资源短缺相关的其他例子。

3.2.1 提高抗灾能力

社区需要增强对洪水和野火等灾害的抵御能力,这些灾害预计在未来几十年内将变得更加频繁和严重。可以通过一些措施来降低洪水的影响,例如基于未来洪水风险制定建筑标准,并限制在高风险地区的建筑开发。需要根据气候和土地利用的变化来改进当地的洪水风险预测,为此类规划和决策提供信息;先进的地理信息系统(geographic information system,GIS)技术为工程师和社区提供了实现这一目标的灵活工具。过去利用堤坝和水库进行集中式洪水控制管理的策略会对河流与洪泛平原生态系统造成严重的影响。与之不同的是,社区越来越倾向于利用自然系统来管理洪水风险,同时增强栖息地、水质和其他的环境服务。

野火在保护森林和其他生态系统健康方面发挥着天然的作用。然而,社区向荒地和城市交界的拓展以及气候变化使火灾季节的时间更长,使干旱更严重,增加了野火带来的影响[144]。2017

年,美国加州遭遇了有史以来最严重的火灾季,随后的暴雨还引发了毁灭性的泥石流。在全球范围内花费了数十亿美元用于补救对人类健康的影响、财产的损失、旅游业的损失及恢复重要的生态系统产品和服务[145]。

　　与野火相关的一个主要需求是建立改进的模型和测量方法,以预测野火的蔓延和野火烟雾的传播。提高对野火抵御能力的其他努力包括改进景观设计原则和适应性管理来保护资产,通过树木种植、控制性烧荒、放牧和教育项目等来减少意外火灾。

3.2.2 减少对生态系统和生态服务的影响

对许多水生和陆生物种而言，气候变化改变了栖息地的条件，导致了生物多样性、物种丰度和分布的变化。海洋温度的上升和河流的营养输入扩大了低氧（"死亡区"）的面积与规模，对渔业产生了影响。北极海冰的融化减少了北极熊的栖息地和狩猎场所，威胁到该物种的生存。一些变化发生得太快而无法适应。然而，努力减少其他的环境压力因素，例如污染（见重大挑战 3），可以减轻气候影响的严重程度，并防止物种灭绝。其他的适应策略包括栖息地恢复、辅助迁移、积极管理入侵物种以及更新渔业管理的策略[147]。

3.2.3 调整农业实践

20 世纪绿色革命期间，技术进步显著提高了全球许多地区的农业产量、经济稳定性和粮食安全性[148]。然而，气候变化削弱了这些进步。农业适应措施，如调整播种日期、优选种子或作物（例如开发更能耐涝和耐旱的作物）或改变灌溉方式，可以减轻气候变化带来的影响[149]。从长远来看，可能需要转移农业活动的位置，甚至改变人类的饮食习惯（参见重大挑战 1）。在气候变异和极端气候增加的情况下，为了维持粮食安全，还需要采取额外的经济和制度策略[150]。

3.2.4 调整基础设施以适应海平面的上升

需要广泛改造基础设施以适应气候变化。适应策略包括确保关键的基础设施和系统（如供水、废水处理与固体废物管理系统），发电设施以及医院和交通系统能够抵御预期的热浪、暴风雨和洪水等压力。据预测,到21世纪末,海平面可能上升1~4英尺[151],环境工程师正在开发各种方法以尽可能遏制海平面的上升,或争取时间,直到开发出包括有计划的撤退在内的更具有变革性的适应策略。

近期,美国佛罗里达州迈阿密市将投入4亿美元用于提升街道、建造海堤和建设泵站,以减少洪水频发[152]。保护或恢复沿海湿地和红树林等自然区域,以保持对抗风暴潮的自然缓冲作用(见"路易斯安那州重建湿地")。在荷兰,环境工程师已经设计了长期策略,以保护高度发达的区域,并使欠发达地区适应日益严重的洪水。创新的举措包括内置传感器的智能堤坝(可以向决策者提供实

时状态的报告），以及生态增强堤坝（为海洋生物提供栖息地）[153]。

为了给决策提供信息，城市需要进行全面分析，以了解合适的方案、潜在的影响以及地方、区域、国家和私营部门为管理未来风险进行了基础设施投资的收益与成本。在实施这些合适的措施时，制定经济和制度策略以保障低收入与脆弱的社区将尤为重要。

 路易斯安那州重建湿地

路易斯安那州南部的湿地是美国最大的湿地，但其正在以惊人的速度消失。自1930年以来，1900多平方英里①的湿地已经因自然原因和人为原因而消失。堤坝和运河改变了密西比河的沉积物流动，而这些沉积物曾经是湿地的养分来源。与此同时，海平面上升和自然沉降继续影响着海岸线。沿海湿地包括盐沼泽和红树林等在内为当地的渔业提供栖息地，是抵御飓风和风暴潮的第一道防线。如果不采取行动，该州在未来50年内可能会再失去2250平方英里的湿地。2017年，路易斯安那州立法机构一致批准通过《路易斯安那州沿海总体规划》[154]，重点关注恢复湿地沉积物的自然流动，以及重建沼泽、恢复障壁

———————————
①1平方英里≈2.59平方千米。

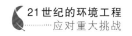
岛和恢复牡蛎礁等项目。许多地方都存在湿地退化的问题,环境工程师可以为设计绿色基础设施做出贡献,帮助恢复失去的生态系统,并保护面临着有海平面上升风险的栖息地。

3.2.5 预测和应对健康威胁

气候变化对人类的健康有显著的影响[155]。温度变化预计将增加与热有关的疾病和死亡,而臭氧和野火的增加预计将加剧空气污染,对人类的健康产生重大的影响。温度变化可能通过增加患病风险的频率和地理范围的变化,从而直接影响由啮齿动物和昆虫(如蜱虫、蚊子)携带的病媒传播与人畜共患疾病的传播。温度和降水模式的变化也可能影响食源性、水源性和与水相关的疾病流行[156]。温度变化还会影响野生动物的迁徙模式,导致人与野生动物的接触频繁增加,并增加由动物种群传播给人类的传染病的风险。

在自然灾害等大规模的流离失所的事件中,传染病暴发的风险也会增加。在2017年玛利亚飓风之后,波多黎各面临着许多的健康问题,包括钩端螺旋体病的暴发[157]。这种情况下暴发疫情对于决策者、医疗人员、公共卫生人员和环境卫生人员都带来了巨大的挑战,还可能导致食物和水有安全问题,引发营养不良,并给流离失所者带来生存压力。

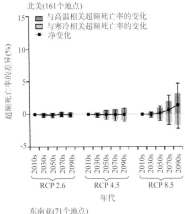

北美(161个地点)

- 与高温相关超额死亡率的变化
- 与寒冷相关超额死亡率的变化
- 净变化

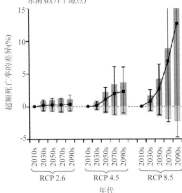

东南亚(71个地点)

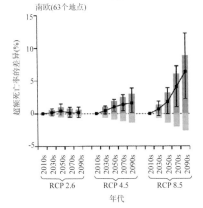

南欧(63个地点)

在低等水平、中等水平、高等水平温室气体排放的情景下,北美、东南亚和南欧城市与温度相关的超额死亡率的预测,代表性的浓度路径分别为RCP 2.6、RCP 4.5和RCP 8.5

应版权方的要求,备注图片来源:Gasparrini, A., Y. Guo, F. Sera, A. M. Vicedo-Cabrera, V. Huber, S. Tong, M. de Sousa Zanotti Stagliorio Coelho, P. H. Nascimento Saldiva, E. Lavigne, P. Matus Correa, N. Valdes Ortega, H. Kan, S. Osorio, J. Kyselý, A. Urban, J. J. K. Jaakkola, N. R. I. Ryti, M. Pascal, P. G. Goodman, A. Zeka, P. Michelozzi, M. Scortichini, M. Hashizume, Y. Honda, M. Hurtado-Diaz, J. C. Cruz, X. Seposo, H. Kim, A. Tobias, C. Iñiguez, B. Forsberg, D. O. Åström, M. S. Ragettli, Y. L. Guo, C.－F. Wu, A. Zanobetti, J. Schwartz, M. L. Bell, T. N. Dang, D. D. Van, C. Heaviside, S. Vardoulakis, S. Hajat, A. Haines, and B. Armstrong. 2017. Projections of temperature-related excess mortality under climate change scenarios, The Lancet Planetary Health 1(9).

适应策略包括加强传染病监测系统、开发快速诊断试剂盒,并改善应对灾害和传染病暴发的快速反应能力。努力确保水和食物安全,减少空气和水污染也将减少气候变化对人类健康的影响。在城市地区,减轻城市的热岛效应是应对气候变化的一种策略,这需要测试和评估反射面、植被与其他可能降低城市温度的措施。

3.3 环境工程师的工作

环境工程师可能成为技术开发的领导者,通过替代能源开发、绿色基础设施、碳捕集和封存以及监测与测量等技术来减缓气候变暖(见"环境工程师帮助遏制气候变化的示例角色")。尽管遏制气候变化的挑战将超越环境工程的传统界限,但许多环境工程师所具备的典型技能可以用于推进这些目标的实现。例如,在地下、土壤和沿海生态系统中捕获与储存碳的技术设计可以利用环境工程师在水化学、环境微生物学、地下水和地表水水文学以及大气化学方面的专业知识。环境工程师还可以从广阔的视角阐明所提出的技术将如何与多个系统相互作用。这些技能的具体应用可能包括：

•使用地球化学工具来设计加速矿化过程，将碳转化为稳定的碳酸盐，同时避免对水质造成影响。

•利用合成生物学和微生物生态学的新兴工具来减少温室气体排放并生成化学品、材料与燃料。

•使用生命周期评估工具，探索在不增加总体用水量的情况下从生物质原料中生产低碳液体燃料的方法。

•使用生命周期评估工具，评估和优化投资回报率（特定能源提供的可用能量与获取该能源所使用的能量之比）。

 环境工程师帮助遏制气候变化的示例角色 ————

环境工程师可以与其他学科的人员合作，解决或减缓气候变化相关的四个领域的问题。

1.提高能源效率

•利用生命周期分析，确定能通过跨行业来改善能源效率的机会，将能源效率改进的重点放在具有最大收益的领域。

•把握利用发电产生的副产品热量的机会。目前，在冷却过程中这些热量大部分被"浪费"。

2.推进替代能源

•识别能够解决可再生能源相关环境问题的机会，包括水力发电、太阳能和风能。

•开发低成本的可靠的厌氧碳转化系统，将有机废物（包括人类排泄物)以及农业植物和森林残渣转化为能源。

•制定核废料的管理策略。

3.推进气候干预战略

•开发在合理的成本范围内可扩展的生物和机械碳捕集方法。

•开发碳捕集的用途和安全储存方法,包括泄漏的监测。

•理解植被和土壤碳捕集持久性的影响因素。

4.减少其他的温室气体

•开发监测工具以检测天然气系统中甲烷的排放并制定最小化或消除这些排放的方法。

•开发减少农业温室气体排放的技术和方法。

•识别黑炭最大的来源,并制定低成本的策略来减少这些排放。

应对气候变化时需要在面临重大不确定性的情况下做出选择。在深度的不确定性下,人们已经开发了各种策略以支持稳健的规划和决策[158]。为了支持这些决策过程,环境工程师和科学家应提高对潜在的长期的气候影响的理解,并考虑广泛的环境、社会和经济因素,评估适应策略的有效性与后果(另见重大挑战5)。环境工程师接受过广泛的系统培训,可以成为跨学科合作的重要桥梁和信息整合者。利用建模和决策支持工具,环境工程师可以与跨学科团队合作,综合信息,分析适应性方案并权衡成本、效益和风险。环境工程师具备不确定性分析的能力,可以掌握迭代式的风险管理方法,分析气候适应策略的有效性并吸取经验教训,同时深刻理解不断演变的气候科学。"环境工程师在推进气候变化适应工作中的示例领域"突出显示了环境工程师帮助解决这一挑战的具体机会。

 环境工程师在推进气候变化适应工作中的示例领域 ——

环境工程师与土木工程师、气候科学家和数据专家合作,可以在应对预期气候变化的影响方面扮演多个角色。

1.提升抗灾能力

·建立国家级野火烟雾预测系统。

·分析气候变化和土地利用变化下的沿海与内陆洪水风险,包括重点基础设施的风险。

2.调整城市和沿海的基础设施

·分析灰色基础设施与绿色基础设施的效益和成本,包括污染控制和生态系统服务。

·针对受海平面上升威胁的水和污水基础设施,确定经济可行的应对策略。

3.生态系统

·更好地了解生态系统在减轻气候变化影响方面的服务。

·制定和评估减少生态系统负荷的方法。

·制定缓解环境恶化、森林砍伐和生态系统退化的策略。

4.农业

·分析农业重大变化的大规模的成本和收益,包括位置和饮食变化。

5.健康

·开发能够快速检测人类、动物和环境中病原体的传感器。

·利用绿色基础设施、植被和其他的方法,减少脆弱的社区中的城市热岛效应,同时改善水质。

·参与制定和实施创新策略,以降低虫媒传染病、人畜共患病、食源性和水源性疾病的传播风险。

CHAPTER **4**

重大挑战3:设计无污染和无废物的未来

在自然界，废弃物是一种资源。一种生物的废弃物可供另一种生物利用。自工业革命以来，人类社会采用了更为线性的模式——消耗资源和能源来制造产品，当不再需要这些产品时，最终将它们作为废弃物丢弃。这种"获取—制造—丢弃"的线性模式成功地为数十亿人提供了经济实惠的产品，并提高了他们的生活水平。然而，这种生产模式每年在全球范围内产生的废弃产品和副产品（见"重新思考消费和浪费"），并消耗大量的能源和资源，而这些能源和资源却永远无法回收利用。一项对5个高收入国家的分析发现，每年投入的资源有二分之一到四分之三在1年内以废弃物的形式返回环境中[159]。尽管资源的利用效率有所提高，但包括美国在内的许多国家的废弃物的总产生量仍在继续增加[160]。

"获取—制造—丢弃"模式向水、土壤和空气中引入了大量的污染物。在20世纪的大部分的时间里，大规模化学品生产以及不当的化学品处理和废物弃置，在全球范围内造成了有大量遗留的有害废物的场地[165]。在过去的30年中，对这些场地的有害污染物进行特征识别以及控制和清除的技术取得了长足的进步与成功[166]。然而，仅在美国仍有至少12.6万个有害废物的场地存在残留污染，其中约有1.2万个场地被认为不太可能用现有技术加以补救，从而使其恢复到无限制使用的程度。其中一些场地需要长

自然资源开采

资源开采、制造、消费和处置（"获取—制造—丢弃"）的线性模式主导着全球经济。这种模式产生越来越多的垃圾，同时浪费资源，造成过度污染

应版权方的要求，备注图片来源：Hoornweg, D., and P. Bhada-Tata. 2012. What a Waste: A Global Review of Solid Waste Management. Washington, DC: World Bank.

期监测、处理和监督[167]。与此同时，与残留污染物相关的新问题也在不断被发现（见"遗留污染的新挑战"）。

 重新思考消费和浪费 ————————————————

　　能源、水和食物资源在供应链中经常遭到浪费。例如，食物浪费包括收获时的漏损或损坏、加工过程中的损失，以及农产品因瑕疵或变质而被丢弃（见重大挑战1）。对于计算机和其他的电子设备而言，在开采原材料和制造过程中会产生废物。许多的终端产品一旦被投入使用，用不了多久就会变成废物。以石油为原料生产的塑料三明治包装袋或以精炼铝土矿为原料生产的铝箔包装纸通常只使用几个小时就会被丢弃。由于技术进步、风格偏好或计划改变，电子产品的使用寿命不断缩短。

　　全球范围内，约80%的消费品（不包括包装）在使用一次后就被丢弃，没有计划或能力进行再利用、回收或生物降解[161]。预计到2025年，每年产生的城市固体废物量将翻一番[162]，到2100年将增加3倍[163]。尽管发达国家的回收和再利用率有所提高，但这一上升趋势仍在持续，主要原因是中产阶级规模不断扩大，而中产阶级占消费品支出的大部分。2015年，全球中产阶级人数超过30亿，到2030年，预计中产阶级人数将再增加20亿[164]。这一增长主要发生在发展中国家，而这些国家采用现代环保方法管理废物的情况并不普遍。在全球范围内鼓励减少消费，开发可最大限度地减少废物的产品设计和制造，以及增加回收和再利用，是环境工程师的重大机遇和责任，这既为子孙后代保护资源，又减少了废物和污染。

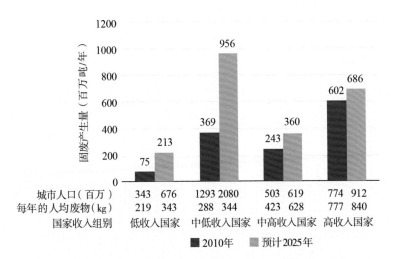

国家收入组别	低收入国家		中低收入国家		中高收入国家		高收入国家	
城市人口（百万）	343	676	1293	2080	503	619	774	912
每年的人均废物（kg）	219	343	288	344	423	628	777	840

■ 2010年　■ 预计2025年

按收入水平和年份分列的目前和预计的城市废物产生量

生产&消费　　　　　　废物&污染

 遗留污染的新挑战 ————————————————

　　与遗留污染物相关的新问题不断被发现。例如，自20世纪40年代以来，全球已生产了超过3000种全氟和多氟烷基物质（polyfluoroalkyl substances，PFAS），大多用作制造防水涂层以及军用和民用机场常用的消防泡沫[183]。在过去的10年中，这些化合物有时被称为"永恒的化学物质"，因为其不能生物降解,越来越多地在地表水和地下水中被检测到,有时甚至超过了美国环境保护署(the U.S. Environmental Protection Agency, EPA)制定的终身健康建议水平(70ng/L,基于两种PFAS化合物的暴露量而定)[184]。根据EPA对美国公共供水系统的抽样调查,多达1500万人生活在饮用水超过EPA的健康建议水平的地区[185]。然而,在2018年中期,有毒物质和疾病统计局在一份毒理学风险评估草案中指出,对于两种常见的PFAS化合物来说,其比EPA的健康建议水平可能高出7~10倍,不足以防范健康风险[186]。需要继续研究以确定PFAS污染的范围,评估由不同的化学品带来的风险,并酌情制定水处理方案,从而为这些化合物的使用和管理决策提供信息。

快速发展的国家也面临着不断升级的环境危机,这是在不考虑社会环境成本的情况下经济大幅增长的结果。中国就是一个典型的例子,在过去的30年里,中国的工业发展加上其对环境的保护不足,造成其大面积的土壤污染。中国的首次全国土壤调查的结果令人担忧:近20%的农田用地被列为受污染土地[187]。污染来自大气中重金属的沉降和工业废水的直接灌溉[188],中国水稻作物中的重金属污染证实了人类正暴露于土壤污染之下[189]。解决这一问题所需的环境治理规模同样令人震惊,据估计,2020年中国当前土地修复计划的成本高达690亿美元[190]。

环境工程师可以使用可持续的修复方法帮助解决遗留污染的问题。这些方法包括利益相关者的参与,以及利用生命周期分析确定社会可接受且经济上可行的最佳的长期解决方案，同时最大限度地减少因清理活动带来的负面影响，如空气污染和生态系统退化[191]。

在过去的几十年里，由于研究和技术进步以及有效的政策干预，一些工业和活动产生的污染迅速下降（见重大挑战5）。例如，自2010年美国实施重型柴油排放法规、超低硫柴油开发以及排放控制新技术等以来，卡车、客车的柴油发动机颗粒物和氮氧化物的排放量减少90%以上[168]。然而，大量未经处理的污水、工业副产品和车辆排放物继续进入水、土壤与空气[169]。人类活动导致氮和磷在水体中积累[170]，温室气体在大气中积聚（参见重大挑战2）[171]。从北极荒野到偏远的热带岛屿，在全球各个角落的人和野生动物体内都检测到有毒的化学物质[172]。

由于水处理、环境卫生和医疗保健等生活条件的改善，20世纪全球的人均寿命翻了一番[173]，但污染仍然对人类健康产生深远的影响。污染对导致全球死亡的心脏病、中风和慢性肺病等均有所贡献。2015年，六分之一的死亡（全世界约900万人死亡）可归因

于由污染暴露造成的疾病[174]。与污染相关的过早死亡中,三分之二是由空气污染造成的,而不安全的饮用水和卫生设施占近20%[175]。世界上,90%以上的人口生活在空气质量不符合健康标准的地区[176]。尽管低等收入和中等收入国家的空气污染问题更为严重,但据估计在高等收入国家,空气污染每年造成近40万人过早死亡[177]。但这些估计并未考虑到那些未被充分明确的化合物,例如,被认为会引起内分泌干扰的化学物质,其对健康的真实影响可能被低估。

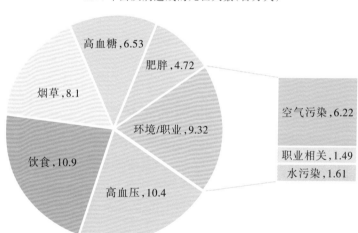

2017年由疾病造成的死亡人数(百万人)

按风险因素、总环境和职业原因分列的全球估计死亡人数。空气污染导致的死亡主要与颗粒物质污染和室内燃烧固体燃料有关。水相关风险及其与不安全饮用水和不充分卫生设施所致的腹泻之间存在着紧密的联系。据估计,职业死亡人数中有33万人死于意外伤害,但其余的人死于与污染有关的原因,如石棉、致癌物和空气中的颗粒物。这些风险因素并不相互排斥污染还损害自然生态系统。金属从废弃矿井渗入溪流，与生物多样性减少有关，而微量的有机化学物质（例如药物）与生殖异常（包括雄性鱼类雌性化）有关[178]。每年有数百万吨塑料最终流入海洋[179]，形成了巨大的垃圾浮岛。小塑料颗粒（"微塑料"）在食物链中积聚，其影响在很大程度上是未知的[180]。废水排放、城市和农业径流以及化石燃料燃烧使湖泊、河口与河流的营养物质超负荷，导致藻类大量繁殖，从而耗尽氧气并产生毒素[181]。这些生态问题最终导致对人类健康的损害，并干扰了包括渔业和农业在内的相关产业。例如，2014年，由于伊利湖藻华产生毒素，政府要求俄亥俄州托莱多市约50万居民数天不得使用自来水[182]。

随着世界人口的增长、人口密度的增加、生活水平的不断提高以及工业生产的不断扩大以满足日益增长的需求，污染和废物所带来的挑战将日益严峻。要实现经济发展，同时最大限度地减少对健康和环境的负面影响、可持续地管理地球资源，需要采取两种新方法。首先，需要一种新的废物管理和污染防控模式——从资源开采、生产、使用、处置和清理的线性模式转变为从源头预防废物与污染的模式。其次，需要采取创新方法，从我们产生的废物中回收有价值的资源。理想的情况下，这两种方法是紧密结合在一起的。这些新方法需要生命周期和系统思维，以确定可持续的解决方案，最大限度地减少生产和使用过程中消耗的能源与资源以及产生的废物及污染。

4.1 通过改进设计来防止污染和浪费

地球上每天都在制造新的化学品和材料，开采矿物，燃烧燃料，制造和使用化肥与杀虫剂。开展这些活动是为了支持对社会和经济至关重要的各项基本功能并提供必要的服务,如食品、药品、服装、建筑材料和电子产品的生产。现在的问题是,如何在提供这些功能和服务的同时,避免产生过去对人类健康和生态系统造成损害的那些类型与规模的污染及废弃物。

要解决这个问题,就必须努力实现循环经济,从一开始就防止产生有害废物和污染。在循环经济中,生产流程的设计旨在最大限度地减少废弃物,尽可能重复使用产品和废弃材料,无法重复使用的材料则进行再加工或回收。无法再利用的有机废物会被转化为其他有用的产品,如化学品、材料或燃料。此外,每个设计阶段都会考虑防止污染,以尽量减少负面影响。使用在环境中相对无害的材料和化学品,可在经济和社会循环过程中减少对人类与生态系统健康的风险。在考虑整个生命周期时,应强调减少能源使用和提高效率的设计。环境工程师致力于超越传统渐进式改进(如现场处理污水)的思维,努力开发根除废物和污染的创新方法,从而为实现一个可持续的未来奠定基础。

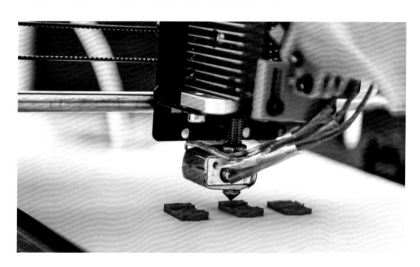

大幅减少废物和污染需要基于生命周期思维的新的设计方法

　　设计阶段对产生废物或污染的类型和数量的影响至关重要。在设计阶段,环境工程师能够帮助选择和评估产品的特性,考虑材料、化学和能源投入;效能和效率;外观和形态;以及质量、安全和性能等标准。在开发新系统的过程中,设计阶段是创新和创造的理想阶段,也是将环保目标融入产品或工艺规范的重要机会。通过生命周期和系统思维,以及绿色化学和绿色工程(强调在设计中尽可能确保输入、输出和过程本身无害),新设计可以依赖更多的良性材料和更少的能源,不会产生大量的废物,也不会将环境压力从一个地方转移到另一个地方。这种综合方法的好处包括合理利用资源、改善人类健康和加强对自然系统的保护。支持循环经济所需的技术进步包括高效的分离和回收技术,以及市场或政府激励措施,即需要能够认识到污染和废弃物的更广泛的影响力(见重大挑战5)。

许多最成功的干预措施都侧重于防止污染或废物的产生或排放。这种策略通常比污染物扩散到环境中后再对污染地进行修复更容易,成本也更低。例如,四氯乙烯是一种广泛用于干洗织物和金属脱脂作业的溶剂,很可能是一种致癌物质[192],已被超临界二氧化碳所取代,后者的毒性低,化学性质稳定,易于获得且易于回收利用。另一个例子是最近逐渐摒弃的"减材制造",即通过从固态材料块上连续切割材料来制造三维物体的工艺。取而代之的是增材制造,例如三维打印技术,通过逐层沉积材料来制造物体,无须切割材料从而不产生废料。越来越多的零废弃物企业和社区致力于再利用、再循环或回收至少90%的废弃材料,同时还力求不对空气、水或土地造成污染[193]。

不使用毒性最强的化学品是绿色设计的重要组成部分。为了开发无污染的组件和工艺并防止未来污染的产生,填补有关新污染物和现有污染物所涉及的全部环境风险的知识空白是非常重要的。例如,在汽油中添加甲基叔丁基醚(methyl-tert-butyl ether, MTBE)有助于减少汽车尾气的排放。然而,一旦汽油从地下储罐泄漏,MTBE就会造成地下水污染,因为MTBE比汽油中的其他化合物迁移得更远,并且更耐生物降解[194]。1950年以来推出的140000多种新化学品中,只有不到一半已接受人体安全或毒性测试[195]。EPA的污染预防框架可用于估计物理特性,然后用于预测环境问题,例如毒性、流动性、持久性和生物累积性,但有待更多的开发和验证。此外,风险沟通的需求也非常重要,以帮助公众和决策者理解污染的真实成本。

4.2 获取废物的价值

在线性生产的模式下,资源的使用效率低下,并可能随着垃圾填埋场的扩大而发生资源枯竭。从废弃物中回收资源可以重新获得这些材料的价值,并进一步将开采资源对环境造成的影响降至最低。本地化或分布式的回收和再利用还能减少与材料以及废物运输相关的能源需求及污染。资源回收还可以解决经济落后或所处的地理位置偏僻的社区当地的资源短缺问题。

如今,常见的废物回收工作主要集中在塑料、玻璃、纸张、铝和废金属的回收上,但随着工程环保工艺的进步,从废物混合物中提取特定成分的可能性更大。贵金属和稀土金属可以从电子垃圾中回收[196],甚至有可能从垃圾填埋场中开采。碳捕集系统可将二氧化碳转化为有用的形式,用于生产建筑材料、塑料和更环保的溶剂[197]。将废水中的营养物质收集起来用作肥料(见"营养物回收")。

当今的许多城市和农业废物流都富含有机碳,可以回收这些有机碳并将其用于化学制造或能源回收[198]。废水中所含的能量相当于处理废水所需能量的几倍[199]。许多集中式废水处理厂(包括加利福尼亚州奥克兰和奥地利斯特拉斯)已实施能源回收,将污水中的一部分有机物转化为沼气来产生热量和电力[200]。然而,目前尚未开发出能经济有效地捕获污水中蕴含能量的技术[201]。

从废物流中回收资源的做法由来已久,但并不系统化。印度达拉维是世界上最大的贫民窟之一,那里的25万人以回收孟买产生的废物为基础,实现了经济的繁荣。将动物粪便通过厌氧消化产生的沼气用于农村和城市社区的烹饪与社区照明,尤其是在东南亚和撒哈拉以南非洲地区。将燃煤副产品粉煤灰和石膏用于制造混凝土和墙板[207]。

 营养物回收

废水中的营养物质会带来环境和基础设施的问题,例如在湖泊和河口引起藻华,以及在废水处理厂机械系统中造成鸟粪石的堆积。在全球范围内,人类向环境中释放的磷和氮(主要来自化肥)比水生生态系统在栖息地不退化的情况下所能承受的量分别多出约30%和2倍[202]。在现有的废物流中实现营养物质的回收与利用,可以帮助缓解这些危机,同时提供有价值的服务。例如,回用城市废水或农业径流进行灌溉可以减少化肥的使用。

利用创新的方法经济高效地回收和再利用废水中的氮与磷，而不是开采新的磷或合成新的氮，可以保护自然资源、减少污染并节约能源。磷是一种储量有限、日益稀缺的自然资源[203]，但从人类尿液和粪便中获取的磷可占全球磷需求量的22%[204]。因此，从废物中回收磷有助于为未来保留磷储量，但要获得广泛推广所需的技术和经济可行性，还要在废物分离技术方面取得进展[205]。此外，利用大气中的惰性氮气来生产用作肥料的活性氮，需要消耗大量的能源，造成全球氮循环的进一步失衡[206]。一些废水处理设施已成功提取磷来制造商业肥料，但在大多数的情况下，利用现有技术从废水中回收磷和氮在经济上并不可行。

资源回收正在迅速融入现有的制造业、农业和工业实践中,但要发挥其潜力,无论是在回收产量或能够经济有效地回收资源的类型方面,还有许多工作要做。废物利用的一个重大障碍是现有的传统废物流还没有系统地考虑到资源回收的特点。需要对地方、区域和全球的废物进行清查,以确定再利用或作为其他的生产计划从而有输入材料的机会。有了这些信息,就可以利用物理、化学和生物过程开发适当的资源回收技术,从而获得最大的经济、社会和环境效益。这些信息还可以引导各行各业重新设计资源开采和生产流程,以减少浪费,更有效、更经济地回收和再利用宝贵的资源。

公共计划在减量化、重复使用和循环利用方面的成效参差不齐。例如,美国回收或堆肥化处理35%的城市垃圾和不到10%的塑料[208],但更高的比率也是可能的。有6个国家的废物回收和堆肥率超过一半,其中,德国占65%,韩国占59%[209]。2016年,全球共产生近4800万吨的电子垃圾,原材料价值约600亿美元,其中仅

20%得到回收利用[210]。美国环保署报告称，电子垃圾占垃圾填埋场中的重金属的70%，如汞、铅和镉[211]。垃圾流通常是有异质的、复杂的混合物，目前需要大量的资源和能源才能分离。针对某些类型的废物，例如有机和无机废物分离，已经开发出了可商业化的分拣技术。通过进一步优化这些技术，提升其成本效益，有望显著提高废物资源的回收率[212]。

有效的废物回收不仅需要关注科学和工程能力，还需要关注经济和行为因素。经济可行性和行动可行性的考虑因素包括回收技术的成本、回收产品的质量、产品的市场、任何不利的环境影响以及管理和预防这些影响所需的措施。政府还可以制定激励措施，鼓励废物回收，使这些计划产生广泛的社会和环境效益（见重大挑战5）。

其中，许多进展都集中在大城市，因为大城市产生大量的废物。然而，对于规模较小或间歇性较强的废物流，也很有可能获取其价值，使农村社区受益。例如，可以开发分散式资源回收系统，特别是针对污水、食物残渣、动物排泄物和农业废弃物。

4.3 环境工程师的工作

环境工程师接受过环境化学、微生物学、水文学、传质过程、固体废物管理、水和废水处理以及空气污染等方面的训练，并掌握了生命周期和系统思维方面的技能。这些综合能力对设计无污染的未来至关重要（见"环境工程师在设计无污染和无废物的未来方面的示范作用"）。技术进步、创新材料和设计相结合，可用于保护自然资源，最大限度地减少对人类健康和环境的不利影响。这些复杂的挑战要求解决方案在整个生命周期中广泛考虑成本和收益，包括人类健康风险，对水、土壤和空气的环境影响以及社会与经济影响（见重大挑战5）。与传统工艺的生命周期影响相比，环境工程师可以帮助分析创新制造和资源回收方法的影响，以确定最有前途的解决方案。

虽然目前已有一定的知识和技术来减少与污染物的接触，但更大的挑战来自经济、政治和社会方面。例如，全球数十亿人每天使用燃烧固体燃料的炉灶做饭，造成大量的颗粒物污染。设计出燃烧更清洁的炉灶有利于健康、当地的环境质量和气候，但在使用这些炉灶时会遇到文化、经济等方面的障碍[213]。在发达国家，提高资源回收率需要民众改变他们的行为习惯，并接受新的废物分离处理方式。采用跨科学方法，应用社会和文化知识克服这些障碍、指导可持续解决方案的制定和实施至关重要。

🍃 环境工程师在设计无污染和无废物的未来方面的示范作用

环境工程师具备实现无污染或无废物未来所需的关键技能。环境工程师可以做出的贡献包括以下内容。

1. 预防污染和废弃物

·重新设计产品及其生产流程，以提高资源效率、延长使用寿命、重复使用、维修和回收，同时最大限度地减少污染。

·开发和使用工具，更好地预测现有的化学品在环境中的风险，包括毒性、归宿和迁移。

·量化和记录在生产中常用的资源及与产品相关的生命周期后果，以及旨在大规模减少污染和废物的替代性方法的成本与收益。与社会和行为科学家合作,向消费者、制造商和政府传播这些信息来辅助其决策,从而激励相关行动。

·管理或修复现有的遗留危险废物和受污染的场地,消除有害接触,使场地恢复生产用途。

2.获取废物的价值

·量化废物流的特征,并识别传统上被视为废弃物材料的再利用或再回收的机会。

·确定可使用回收和再利用材料制造的产品,其成本较低,温室气体的排放量较少,生产所需的能源也较少。

·开发新的资源回收技术和工艺,以经济有效的方式从废物中回收资源和能源。

·与公共卫生、建筑和城市规划等其他部门合作,整合工程设计、流程和技术,开发具有广泛的社会效益的且能进行资源回收的有效方法。

CHAPTER **5**

重大挑战4：创建高效、健康、有韧性的城市

　　未来城市化的发展进程将不断加快。在接下来的30年，城市几乎将吸纳世界预期增长的全部人口。到2050年，城市人口将比现在多20亿人。世界城市人口的比例将从2017年的55%增长到2050年的66%[214]。到2030年，预计将有10个以上的城市突破千万人口的门槛，"特大城市"的数量将从2016年的31个增加到2030年的41个。这些城市大多会出现在低收入国家和大型贫民窟——没有政府服务的、密集非正规的社区[215]。

　　虽然这种大规模的人口的集中增长可能会进一步加剧目前城市面临的许多问题，但人口的城市化在一定程度上是由于城市固有的吸引力。城市能够提供重要的教育、经济和文化机会，同时能够获得更好的交通设施和医疗服务，这吸引了上述机会较少的农村地区的人口。2016年联合国的一份城市化报告指出，城市是经济的枢纽，驱动了创新与竞争，推动了人口从农村稳步流向城市，特别是在亚洲地区[216]。

虽然这种经济吸引力加速了城市化的发展,但目前的城市仍然面临着与空气污染、水污染、能源分配、供水、废物产生及处理等相关的持久性问题。城市虽然只占地球无冰陆地的3%,但产生了全球50%的垃圾,排放了全球60%~80%的温室气体。城市能源消耗占世界能源消耗的60%~80%,占所有自然资源消耗总量的75%[217]。

城市在收入分配、公共服务、开放空间和生活质量方面存在着严重的不平衡。在中高等收入国家,城市扩容和以汽车为主的低效交通系统造成了交通拥堵、污染和安全隐患,降低了生活质量。绿化带较少和废弃的房屋加剧了社会与环境的压力,尤其是在贫困的城市社区。城市社区因贫困和所享受服务机会的不平等而日益分化,中产阶级化现象的深化也加剧了这些不平等。

在低等收入和中等收入国家,大量人口居住在密集的非正规的住宅区,这些住宅区正在迅速扩大;目前约有8.8亿人生活在贫

民窟，预计到 2050 年这一数字将增加 1 倍以上[218]。由于许多城市无法为这些贫民窟提供充足的医疗卫生设施以及粮食和用水安全，贫民窟的居民将很大程度上面临营养不良和疾病问题[219]。人类与家畜、野生动物接触频率的增加使流行病的风险升高，和严重急性呼吸综合征一样，其首先出现在动物身上，后在人与人之间传播。在严重急性呼吸综合征被最终控制住之前，其已经蔓延到了 30 多个国家[220]。

洪水、高温和干旱等极端事件使世界上许多城市的平稳运行变得更加不确定，预计未来几十年里这些事件对城市的影响将更加严重和频繁发生，使更多的生命和基础设施面临风险[221]。

然而，这些挑战并不是不可战胜的。城市的规模和结构为提高生活质量与应对如气候变化、污染、废物以及持续的食物、水和能源供应等许多的重大挑战，提供了特殊的机遇。老化的基础设施既是一个重大挑战，也是重塑未来世界的关键机遇。据美国土木工程师协会估计，到 2025 年，美国将需要 4.6 万亿美元的基础设施投资[222]。经济合作与发展组织估计到 2030 年，全球基础设施需求将达到 70 万亿美元[223]。如果对基础设施进行综合改造来满足多种城市功能和居民的生活，就有可能创造出更加公平、高效、健康和有韧性的城市。环境工程师可以提供专业培训和分析技能，与规划、能源和交通等其他专业人员建立伙伴关系，共同克服这些挑战并利用好城市提供的重要机遇。

5.1 高效的城市是什么样的

城市可以被视为城市生态系统，由基础设施网络系统（如水、能源、交通、废物和公共空间），使用和操作基础设施的人以及他们之间的多种作用关系组成。因此,城市基础设施是能源、资金、信息和物资流动系统所组成的整体。城市内部资源和政治权力分配的严重不平等可能导致基础设施系统对不同社区的服务程度各异。

有多种方法可以让城市更高效,既可以提高各部分的效率,也可以使各种系统的功能更加协调一致。例如,一个系统的废物可以在另一个系统中得到使用(将废物转化为市场或将废物转化为能源),从而最大限度地减少投入和浪费(另见重大挑战3)。记录基础设施服务分配中的不公平现象可以帮助城市规划者和环境工程师解决这些问题。提高城市效率,就需要重新规划城市基础设施和整合智能系统。

5.1.1 重新规划城市基础设施

城市无法通过简单地监管和提升现有基础设施的运营达到这些预期的效果。在过去,基础设施系统以独立的方式来优化水输送、能源供应、交通和土地使用,这是次优的解决方案。展望未来,可持续的城市基础设施发展需要跳出当地,考虑跨区域、国家和全球范围的跨界基础设施建设[224]。例如,要在人口密集的城市发展可靠、有营养、可持续的粮食供应,就需要跨越城市的界限,关注所有的生产商、供应商和运输商、能源与水的使用以及温室气体排放的影响。

通过将城市基础设施视为许多规模化系统的整体系统,而不是单独的互不相连的实体(能源、水、公共卫生和交通),城市可以变得更加高效。建筑和社区的设计影响着能源与水的使用量以及产生的废物量。模仿自然过程的低影响开发,例如雨水花园和多孔性铺袋,能够降低无序的雨水径流及其相关的水污染和侵蚀[225]。它还具有其他的优势,如增加城市绿地,减少城市热岛效应。城市雨水径流管理的改善提高了废水中的营养物质和有机物的浓度,从而有利于回收能源和营养物质等宝贵资源。鱼类和植物共存的城市水培系统可以回收废物和营养物质,同时保证粮食安全,消除饥荒。

西雅图的布利特中心是建筑设计中尽量减少对环境影响的一个例子。该建筑选用对健康和环境影响小的当地材料,并配备了太阳能板,能够产生与建筑使用量相等的能源,采用地热供暖和制冷,控制窗户和窗帘以优化自然采光与新鲜空气循环,储存雨水作为非饮用水使用,并设计了湿地过滤系统以实现废水净化和再利用。

综合的城市解决方案能够同时应对多种需求或挑战,也有助于节约成本。例如,为了保持对病原体的水质控制,美国纽约市大约90%的供水采取了集水区的保护措施,并用氯化和紫外线消毒代替过滤方式。目前为止,与供水系统采用基于过滤的方法相比,这种方法已经

使该市节省了80亿~100亿美元①的资本支出和每天约100万美元的运行成本[226]。

改造城市基础设施是重大机遇,但也面临巨大的挑战:当今城市中的大多数住宅和商业建筑及其他的基础设施都是陈旧的、低效的,需要大量的资金来维护,更不用说改造和加强。陈旧的基础设施在最贫穷的城市社区尤为普遍,这进一步加剧了不平等。这种向高效、可持续的城市基础设施的转变,以及环境工程师对这种转变的贡献需要考虑如何将这些变化应用于新建筑和基础设施,以及应用于改造和振兴所有的城市社区。

5.1.2　推进智慧城市

提高效率也可以通过"智能"技术来实现,这些技术利用传感、数据、连通性、人工智能和参与式治理等方面的进步来优化运营与资源管理[227]。一个智慧系统不仅可以被动输出,而且可以做到主动介入、使用输入、信息处理、智能和驱动来预测与预防问题或低效现象[228]。虽然定义"智慧城市"的方法有很多,但其基本思想是城市可以通过将智能互联系统纳入市政功能来改善结果,如提高效率或生活质量[229]。

技术进步增加了发展智慧城市的可能性。传感技术的改进使人们能够通过收集详细的地理空间数据和其他类型的数据来维持城市运转,例如交通模式、水和能源的使用。经过适当的分析并与决策或运营控制相结合,这些数据可以成为完善城市功能和规划的重要资源。数据科学和机器学习正在促进这些技术进步;世界经济论坛2018年的一份报告指出[230],人工智能是改变传统部门和

---

①1美元≈7.14元。

系统以应对气候变化、提供食物和水、保护生物多样性与增进民生福祉的关键技术。

智慧系统正在世界各地的城市进行测试。迄今为止,尽管一些项目结合多个智慧系统正在跨团体试验,但目前这些测试大多是在孤立的行业部门,如交通运输、应急响应或配电系统部门(见"设计智慧系统")。

 设计智慧系统 ————————————————

正如以下这些例子所证明的那样,开发智慧系统正在改善城市功能。随着技术的进步和智慧系统有效地融入城市运营,这样的系统可以变得更具有预测性且需更少的人力参与。

·一家初创公司正在应用人工智能,实时预测哪些地区可能遭受最严重的破坏,以及受伤人员可能集中在哪里,从而帮助城市有效地应对地震[231]。

·在巴塞罗那,传感器提供特定地点的天气信息以用于精确校准灌溉公园所需的用水量[232]。

·在阿姆斯特丹,一款手机应用程序可以让自行车骑行者在沿着自行车道骑车时调高室外照明的强度,然后在骑行者通过后让灯光变暗。这让居民在推进城市高效运行中发挥积极作用[233]。

·美国正在实施智能电网技术,以提高效率和避免级联故障,如发生在1996年的美国西部停电事件[234]。

·智能废物管理系统能够监测垃圾箱是否装满,并在收集废弃物前利用太阳能压缩废弃物,帮助管理人员更高效地规划废弃物的收集路线^[235]。

智能系统并不局限于高等收入国家的城市,低等收入和中等收入国家已经开始"跨越"旧技术、利用新技术。

·世界银行、叫车平台Grab和菲律宾宿务市政府正在进行一项合作,使该市政府能够利用出租车司机智能手机上的GPS数据跟踪交通情况和交通事故,并及时进行应急响应和交通规划^[236]。

·一款为巴西里约热内卢居民开发的应用程序可以利用犯罪数据和机器学习来预测犯罪事件最有可能发生的地点与时间,让用户在城市中穿行时,做出明智的决定,从而降低风险^[237]。

 发展智慧社区

世界各地正在规划将多个智慧系统结合在一起的智慧社区。多伦多的Quayside曾是一个沿海工业区,目前它正在进行这样的规划工作。Alphabet旗下的Sidewalk Labs正计划利用一块12英亩^①的土地,打造"世界上第一个由互联网建造而成的社区"^[238]。它拥有灵活的多功能空间,可容纳约5000人^[239]。

Quayside设想的一些智慧功能中有碳中性热网。该热网将利用地热能、废热和有机废物厌氧消化产生的能量来加热与冷却建筑物,并结合严格的建筑标准,旨在减少能源需求。

---

①1英亩≈4046.86平方米。

自动驾驶、骑自行车和步行将成为主要的交通方式。由于有人行道上的融雪机和自动遮阳篷，共享单车站、公交车站、自行车道和步行道在整个冬天都可以使用。

传感器的部署和数据采集是 Quayside 项目的支柱。从空气污染、噪声到污水流量，再到公共垃圾箱的使用频率[240]，传感器都可以测量。该设计于 2017 年启动，多伦多 Sidewalk 公司正在与专家和利益相关者合作，来共同制订最终的社区设计方案。

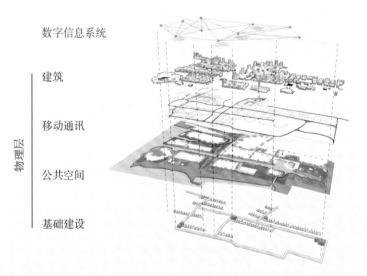

多伦多市多功能城市发展项目——Quayside 的设计图，该项目于 2017 年正式启动。

尽管这些发展令人欣慰，但具有适应性和全面预测能力的智慧城市仍有很长的路要走。为了充分实现智慧城市的社会效益，必须解决智能城市的性能、控制、安全、经济、公平和道德等问题。

此外,虽然正在积极开发用于公民参与的传感器和工具,但将实时信息和反馈有效地整合到城市实际运营中仍然是一个挑战[242]。这些挑战不仅有技术障碍,还需要环境工程师和城市管理人员对这项技术的机遇与局限性有更深入的了解,深刻理解构成城市功能的物质和社会系统。此外,不仅需要继续开发收集数据的工具,还需要促进信息的公平有效的应用。这需要跨学科的努力来管理和解释数据,使城市运作适应不断变化的环境,并充分保护隐私和安全。

5.2 什么让城市健康

健康的城市能提高居民的健康状况并促进高质量的生活。健康的城市有利于身心健康,可以为居民充分提供公平的社区服务、教育、住房、艺术、洁净的河流、娱乐和绿化空间,并保护居民免受犯罪、暴力和危险环境的侵害。洁净的空气、安全的饮用水和卫生设施、有效的交通、可靠的电力供应、充足的就业机会以及能够获得营养食品与医疗卫生服务是健康城市的重要方面。

健康的建筑是健康城市的重要组成部分,因为人们90%以上的时间都在室内度过[243]。健康的建筑采用的材料不会释放有害气体进入充气。这些建筑特别注重通风和照明,旨在提升生产率和居住者的舒适度,同时注重能源的节约。设计既考虑健康与舒适度又兼顾水资源和能源保护的建筑,有时需要在满足相互竞争的需求之间做出权衡。例如,一个密封的建筑在温度控制方面更节能,但它也会更容易引起空气中污染物的积累。同样,旨在节约用水和减少热水能耗的技术及方法可能在无意中会促进病原微生物的传播[244]。

　　预防、发现和减轻传染病传播的能力对健康城市尤为重要,但随着城市和贫民窟变得越来越大、越来越密集,建立和维持这种能力将变得更加困难。许多新出现的疾病是由于病原体从动物传播给人[245]。这些趋势表明需要对包括人类、动物和环境健康在内的公共健康采取系统性的分析,这是一种被称为"同一个健康"的概念和方法[246]。两个重要的传染病挑战是出现大规模流行的疾病以及抗生素抗性的病原体[247]。虽然这些挑战并非城市独有,但许多传染病问题在城市可能会加剧,并通过相连的郊区传播。

　　像非培养诊断、基因组分析和先进的流行病建模等复杂技术可以为跟踪和控制病原体与耐药微生物的传播提供有价值的工具。然而,这些工具无法弥补基础设施的不足,包括向家庭和卫生保健机构提供洁净的空气、安全食品、水、卫生服务以及可靠的电力。尽管已经有许多通过环境驱动因素来缓解传染病和其他公共卫生威胁的知识与技术,但在基础设施和服务方面仍存在显著的差距,特别是在最贫穷的地区。这种差距表明需要更有效且能扩展的解决办法来支持公共卫生,包括采取措施预防和控制传染病,同时改善世界各城市更广泛的社会和自然环境。

为了改善低收入地区的公共卫生,已经提出了将技术和政策相结合的创新性的解决方案。非洲最大的城市贫民窟(肯尼亚内罗毕的基贝拉),正在使用综合的"生物中心"来捕获废物并将其转化成沼气。沼气可用作烹饪燃料,从而有助于管理废物,同时减少因使用木材、粪便和木炭进行传统烹饪而造成的室外与室内的空气污染[248]。《柴油减排法案》[249]为支持清洁柴油项目提供了资金和其他的奖励措施,帮助美国休斯敦低等收入社区用低排放车型替换旧的柴油校车,减少儿童接触柴油废气的污染。随着排放标准的提高和技术的进步,美国低等收入人群生活在高于当前细颗粒

物标准的空气质量环境中的比例从 2006—2008 年的 57% 下降到
2014—2016 年的 8%[250]。

5.3 什么让城市具有韧性

有韧性的城市具有承受灾害的能力，无论是经济灾害、环境灾
害（如洪水、地震或干旱），还是恐怖主义造成的灾害。要具有韧
性，城市必须具备承受压力并迅速恢复或调整的能力。应对压力
的一种方法是建立备用系统，例如，在电力或水网或运输路线等公
用事业中，当主系统不能正常工作时，备用系统能够支持继续运
行。韧性还意味着能够迅速调动资源以应对破坏性事件并控制由
此造成的损失。韧性包括准备、反应、恢复和适应。

通过重新利用现有系统或创建具有多重用途的基础设施，可
以增加社区的韧性。波士顿的浑河恢复项目修复了河岸栖息地以
降低洪水事件带来的危害[251]。该项目降低了洪水在易发地区的
发生频率，减少了洪水造成的破坏。在经历了严重的洪水之后，哥
本哈根的 Østerbro 社区正在创建一个绿色街道网络和社区公园雨
水贮存区，这将使社区面对未来的风暴时更具有韧性[252]。

为了提高韧性，重要的是系统地评估当前的薄弱之处，以便为
更好的设计提供依据。此类评估可用来优先考虑通过现有的、将
来的系统和基础设施来解决薄弱性措施。气候科学为此类评估提
供了一个思路。例如，规划者可以使用决策工具来评估未来气候
变化对基础设施产生的潜在影响，预测海平面上升、干旱和极端高
温等威胁。规划者还需要考虑影响城市应对此类事件能力的预期
变化或压力因素。例如，评估交通模式和可能影响车辆数量及使

用的因素是非常有必要的。城市人口增加，车辆数量急剧增加，基础设施可能不堪重负，需要利用开阔的土地建造停车场和大楼，这将加剧洪水事件的发生并加重热岛效应。另外，更多地使用共享车辆和自动驾驶汽车可以解决90%的停车需求[253]，从而降低洪水的风险，还可以重新利用停车位来建设绿化空间。

　　许多城市正在积极寻求像哥本哈根和波士顿那样有可持续性的、多功能的解决方案，但这些项目的规模往往无法匹配面临的挑战，

其在了解风险和建立更有韧性的结构、系统与社区方面仍有很大的改进空间。除了研究技术解决方案之外，要使城市变得有韧性，还需要决策者、利益相关者和公民的观念转变。通过更好地评估、了解和沟通可能遇到的风险，城市可以获得制定前瞻性的韧性目标和实现这些目标所需的支持。

5.4 环境工程师的工作

总的来说，高效、健康、有韧性的城市不应该从零开始建设。相反，将新的设计和系统融入现有的城市及其基础设施才是我们面临的挑战。这意味着应当主动重新规划现有的土地利用模式、建筑环境、水、污水管道、电力、交通方式和基础设施。更重要的是，城市必须在吸纳大量的增长人口的同时进行这些努力，而新系统的建立也会对现有的系统造成压力。这无疑是一个复杂的过程，实施有效的解决方案需要多学科部门的研究和协调。通过开展研究以识别和优先考虑城市面临的关键脆弱性以及应该采取的有效的适应措施。这些措施包括向已经开始这种转型的城市汲取经验教训，以及找到创新性的方式来吸引私营部门（对建筑环境有重大的影响）和公共部门（通常在基础设施方面起带头作用）的参与。[254]。

创建高效、健康、有韧性的城市需要考虑本书前面讨论的多重挑战。这些解决方案需要环境工程师具有领导力、系统思维和创新能力，需要他们与规划、交通、能源和公共卫生等领域的许多的其他的专业人士合作，制定并实施成功的城市解决方案。值得一提的是，环境工程的工具在战略性地应用传感器、构建分布式系统以及改善城市设计方面起到不可估量的作用。

5.4.1 战略性地应用传感器

传感器是智慧城市的关键,它在节约资源、提高宜居性和安全性方面尤为重要。例如,交通监测传感器可以用来实时改变信号模式以缓解拥堵,或为系统性的交通问题提供长期的解决方案,从而减少因交通拥堵造成的能源浪费、污染和生产力损失。同样,收集水或能源使用数据的传感器可以帮助个体最大程度地减少这些资源的消耗,并指导公用事业公司如何管理和供应这些资源或应对突发事件。监测空气、水、食物和人体中的化学或生物污染物的系统可以为新出现的健康问题提供早期预警。传感器技术正在迅速发展,多数情况下已经足够好、价格低廉,适合广泛使用。但问题是,如何通过人工智能算法来部署和利用这些技术,以实现城市规模的高效运营?

5.4.2 构建分布式系统

虽然目前许多城市建造了水、能源和废物的集中式处理系统,但分布式系统可以使城市更加高效、更有韧性。例如,建筑物或城市街区可以利用太阳能、风能、生物质能或废水等可再生能源自行发电。或者他们可以通过收集可再利用废水、雨水或冷却水作为非饮用水来减少对集中供水的依赖[255]。多模式系统,例如联合冷、热、电三联供系统,利用电力发电过程中产生的废热为建筑物供暖或制冷;这类系统的能效可以达到单独供冷或供暖系统的2倍[256],而且还能减少温室气体排放、空气污染物和水的消耗[257]。集中式和分布式系统相结合的城市也意味着在灾难发生时,人们更易获得他们所需要的服务,并且受到城市其他地区发生服务中断的影响较为有限。这些相同的分布式系统也可以定制以适配农村地区，为人口密度低的地区部署成本昂贵的服务提供可能。

尽管现在有许多新兴技术和模型支持分布式系统，但还需要环境工程专业知识来确定哪种解决方案是最实用的、资源效率最高的、适合不同的环境，并将这些解决方案以最佳的方式集成到现有的城市基础设施中。与此同时，继续开发、优化和应用分布式解决方案，以满足未来城市的需求是非常重要的。为了确保这些解决方案对社区来说既实用又可接受，环境工程师还需要接受培训，展望技术机遇，理解感知到的和实际的非预期的影响，例如噪声和排放，这些影响阻碍了城市进行能源的分配。

5.4.3 改善城市设计

为了以一种改善生活质量，而不是损害生活质量的方式容纳更多的人，修改城市设计是必需的。互联是一个重要因素。让所有的经济阶层的人都能获得基本的商品和服务——从清洁水源和可靠电力，到生活用品和医疗保健，再到就业——可以改善提高城市建设中的公平、健康和韧性。改善自主交通（步行和骑自行车）的基础

设施有利于健康,并且减少拥堵、能源使用和污染。另一个可以减少资源消耗、改善环境质量和生活质量的关键目标是优化建筑与公共空间的设计,思考如何将这些原则融入现有建筑和公共空间。

在未来的几十年里,适应气候变化和抵御风险的能力是维持城市及其人口可持续发展的关键。这种适应措施往往可以服务于多重目的。例如,公平分配绿色空间以增进民生福祉[258],同时还可以通过蓄洪和补充含水层来减轻自然灾害。利益相关者的参与也能确保市民支持新城市的设计(见重大挑战5)。通过确定、优先考虑并实施可能带来多重效益的解决方案,环境工程师能为建设更高效、更健康、更有韧性的城市做出重大贡献。"环境工程师在创造高效、健康、有韧性的城市方面的示范作用"提供了具体示例。

环境工程师在创造高效、健康、有韧性的城市方面的示范作用

以下例子表明环境工程师可与其他学科的人员合作，与公共部门和私营部门合作，帮助建设高效、健康、有韧性的城市。这样，环境工程师可以通过设计下列的解决方案和实施方案，充分认识到当今城市服务分配的严重的不公平现象，并有助于解决这些不公平现象。

· 设计和改进基础设施系统，包括水、能源、食品、建筑、公园和交通系统，以实现公平获取，并在健康、福祉、水和能源节约以及韧性等有时相互冲突的目标之间寻求最佳的平衡。

· 评估备选的基础设施设计可能存在的积极影响和消极影响，包括对污染、能源消耗和温室气体排放的影响。

· 通过开发和评价创新性的方法来应对低收入国家的城市和城郊贫民窟独有的水、卫生和健康挑战，以解决这些地区特殊的基础设施挑战。

· 在城市中寻找可能性，设计收集和再利用废物（固体废物、废水和热量）的系统，以回收能源或资源，同时考虑大型集中式系统和小型分散式系统。

· 开发和使用传感器，支持更有效的城市运作，例如交通、清洁水和废水、能源、环境质量与公共卫生。这包括为智慧城市开发人工智能决策算法，与社会科学家合作，让公民参与这些算法的开发和完善。

· 开发和评估减少室内外空气污染的创新方法。

CHAPTER **6**

重大挑战5：采取明智的决策和行动

　　解决世界上最大的环境问题需要我们在方法和行动上做出重大转变[259]。只有广泛使用新战略和新技术，才能有效解决这些重大挑战，这需要政府做出监管改革，群体和个人做出行为改变。要做到这一点，公共部门和私营部门的决策者以及大部分公众必须相信环境问题已经严重到非改不可的地步，而且提出的解决方案应值得采纳。换句话说，应对重大的环境挑战，除了需要有效的解决方案外，还需要人们普遍认识到实施这些解决方案符合我们的利益。

　　要实现这一目标，首先需要建立一个对环境如何影响人类幸福和繁荣有充分理解的公民社会。这并不是要改变人们的喜好，也不是要让公众更加"关心"环境。相反，它是在了解每项行动的潜在结果和成本，以及在不作为的潜在风险的基础上，给予人们可提供解决方案的选项，以便做出明智的选择。

其次,专家和利益相关者必须通力合作,共同确定问题、思考解决方案。有时候,科学家和环境工程师认为对利益相关者有用的与利益相关者自己认为有用的之间存在差距[260]。通过协作的方式让专家和利益相关者都参与进来,了解问题的所在,并确定问题的优先级,考虑合适的替代方案,思考哪些因素在限制成功,成功的标准是什么,考虑公平和分配问题,这种差距是有可能缩小的。

这两个因素——理解和利益相关者的参与——为确定和实施政策、管理与监管方法奠定了基础,以促进与集体优先顺序一致的结果。虽然环境工程师并不完全有责任让利益相关者参与进来,并促进对环境选择的充分理解,但环境工程师们可以在此大有可为。

6.1 理解环境、人类福祉和繁荣之间的联系

在环境挑战的背景下,理解潜在的后果,包括将我们的行为(或不作为)与这些行为对环境和社会中不同个体或群体利益的影响联系起来。个体或群体做出的选择可能对他人的利益产生影响。例如,一个城市地区的房地产开发商想设计一座新建筑和其周围景观。建造绿色屋顶或反光屋顶、反光人行道和增加绿植

可以减少城市的热岛效应,但这样做往往会使开发商的成本增加[261]。同样,农民施用氮肥的量通常会考虑产量提高的收益与购买和施用肥料的成本。但是施用氮肥有额外的代价,例如肥料渗入地表水或地下水,从而会污染附近城镇的供水或下游河口[262]。过量的氮会以一氧化二氮的形式挥发,这是一种强有力的温室气体,或转为氨和其他的氮氧化物,可能会造成区域空气污染[263]。开发商或农民可能没有意识到他们的选择对他人的影响。但是即使他们意识到这一点,通常也没有足够的动力来减少自身行为对环境的影响,因为许多后果是由其他人承担的(经济学家称之为"外部效应")。

确定和量化人类行为对环境与人类利益的全部影响是研究重点,这涉及环境工程、生态学和其他的自然科学、生态与环境经济学以及其他的社会科学。揭示重要影响通常涉及利益相关者和专家的积极合作,我们将在下一节深入讨论。在过去的20年里,生态学家与许多的其他学科人员合作,在描述大自然给人类提供的好处,即所谓的生态系统服务方面取得了实质性的进展[264]。生态系统服务包括:

1.提供物质产品(食品、纤维、能源和其他物质)。

2.生态系统功能可以自然地调节环境状况,以改善人类生活条件,例如过滤水或空气中的污染物、保护沿海社区免受风暴潮的影响、减少河流泛滥。

3.与心理、精神和文化价值有关的非物质服务。

生态系统服务强调保护或改善环境可以有多种方法,为人类生活质量和繁荣提供切实的利益(见"卡美哈美哈学校:分析生态系统服务,让利益相关者参与决策,改善土地利用")。此外,这些

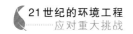
工作可以凸显持续的环境退化所带来的风险,包括跨越临界值的可能,从而发生难以逆转的突发的灾难性变化[265]。面对这样的风险,增加系统韧性是系统设计中的一个重要的组成部分。

另一种量化环境后果的方法是生命周期评估。工业生态学家和环境工程师通常使用这项技术,旨在衡量与特定产品的生产和消费相关联的环境影响,涵盖从原材料的生产到产品在使用寿命结束后的处置过程[268]。生命周期评估通常以物理单位衡量影响(如消耗的材料和能源或排放的二氧化碳量),并且不以货币形式进行评估。这在某种程度上简化了分析,但可能会使具有不同类型的环境影响的替代方案在实施上变得困难。还有其他的工具可用于量化行为产生的全部的环境后果,并帮助利益相关者参与这一过程(见"确定社会、环境和经济维度选择的工具")。

卡美哈美哈学校:分析生态系统服务,让利益相关者参与决策,改善土地利用 ─────────

夏威夷最大的私人土地所有者是卡美哈美哈学校教育信托基金会,它拥有该州大约8%的土地。21世纪初,卡美哈美哈学校面临着如何处理瓦胡岛北岸一大块土地的问题。卡美哈美哈学校参与了自然资金项目[266],分析了其他的土地利用计划对碳存储、水质和经济收益的影响。在卡美哈美哈学校和当地社区协商后,制订了这些目标和备选土地的使用计划,旨在平衡经济、环境、教育、文化和社区收益。尽管多元化农业用地的货币化收益回报率最低,但它最终被认定为最能满足综合目标的方案。为表彰其在可持续发展方面的创新,卡美哈美哈学校被美国规划协会授予2011年国家规划卓越创新奖[267]。

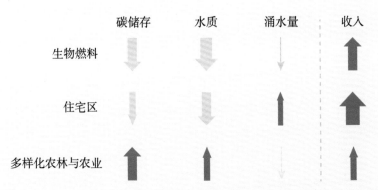

对于未来三种不同的土地利用方式下生态系统变化的预测

确定社会、环境和经济维度选择的工具

　　许多手段可以帮助决策者衡量、判断价值或评估决策或行动的潜在影响,包括多样化的社会、环境和经济层面。有些方法可以帮助识别特定行为的全部后果。除了生命周期分析之外,社会影响评估还可以确定某种干预或行动可能产生的社会效应。

　　复杂的决策通常需要权衡利益与成本或风险,最重要的是谁承担成本、谁获得收益(包括代际考虑)。帮助确定这些决策的方法包括风险评估和经济成本收益分析。化学替代品评估系统分析同类化学品(从功能上)对人类健康和环境的危害,以选择最安全的替代品。环境公正分析评估少数民族和低等收入人群的暴露与风险,为公平决策提供依据。

　　目前正在使用一些利益相关者参与机制,用于促进合作,并确保考虑到不同的观点。协作解决问题的机制将利益相关者合在一起,共同解决特定的问题。召开专家研讨会议,帮助利益相关者制定一个关于未来发展涉及土地使用规划决策的共识愿景。

　　也可以同时应用多种手段。美国环境保护署的环境设计项目[272]在筛选新化学品时使用了多种手段,包括与制造商合作解决问题、评估化学替代品。使用协作解决问题与环境公正分析相结合,帮助俄亥俄州东北部的官员做出了关于最佳基础设施选择的决策,以满足雨水排放限制,并利用绿色基础设施提供额外的环境和娱乐效益,特别是在低等收入社区中[273]。

数十年来,环境经济学领域也一直致力于评估环境改善的益处[269]。为了便于比较各种选择,经济学家通常用市场和非市场评估技术,以货币形式衡量环境改善的所有收益和相关成本。例如,即使清洁空气没有明确的市场价值,经济学家通过观察房屋价值如何随空气质量而变化,同时关注影响房屋价值的其他特征,如面积大小和卧室数量,从而来推断清洁空气对房主的价值。然而,有些环境影响很难用金钱来衡量,比如一个社区的归属感或其他物种存在的价值。这种方法可能耗费大量的时间和资源,并且需要改进方法,将在一个地区的估算结果恰当地推广至其他的相关地区。[270]

由于很难用货币来量化所有的收益,一些商业和环境团体采用了一种"三重底线"法,包括环境影响、社会责任和经济收益,而无须强制所有方面都用货币价值评估[271]。理想情况下,这些评估

包括了利益相关者容易理解的各种价值指标,例如健康影响、水、空气质量、生物多样性和韧性。在管理或政策选项中使用三重底线方法通常需要决策者权衡三个底线的相对重要性。

尽管在理解和量化人类行为对环境的各种影响方面已取得实质性的进展,但仍存在一些重要问题。例如:

·政策和技术的变化如何通过影响环境来塑造行为?

·如何更好地结合自然科学、社会科学和工程原理的知识,了解环境变化对人类福祉和繁荣的影响?

·如何以严谨的和一致的方式来衡量幸福与繁荣,并按决策者和利益相关者易理解的方式报告?

此外,还需要改进数据收集的方式来支持健全的生态系统服务分析、生命周期评估和其他的环境分析。这项工作应考虑到自然、社会和经济因素对弱势群体与地区的差异性影响。这一挑战的关键在于学习如何向决策者和广大社区清楚地传达环境评估的结果,以及如何理解不同利益相关者对各种利益和成本的不同评价。

6.2 与利益相关者合作创造解决方案

如果要在应对重大挑战方面取得进展,社会必须在正确的问题方向上制定正确的解决方案。本书列出的重大挑战在不同的群体中的表现不同,许多的应对举措也只能在一定的尺度内发挥作用。不同的群体有不同的价值观和优先关注点,这应成为识别和处理问题的依据。此外,一个群体的有效解决方案可能不适用于另一个群体。为了确保解决策略被成功采纳,创新和方法必须得到其目标群体的认可与适用。

科学家和环境工程师闭门造车是无法实现这一目标的。在制定具体战略时，多学科团队需要确定最有可能的实施条件，无论是在不久的将来还是在各种未来的情景下。实施这些方法的阻碍有哪些？滥用方法的潜在危害是什么？实施这些新战略对经济、环境和社会有哪些影响，包括可能产生的后果有哪些？不同的群体如何分配收益和成本？

研究表明，当利益相关者与环境科学家和环境工程师进行真正的对话，并且研究和技术的开发者与最终用户之间可以进行有效的沟通时，解决方案的成功研发与应用概率得到显著提高。这种互动模式有利于更精确地界定所面临的挑战，提升对不同利益相关者群体的需求和优先级的理解，并确保广泛考虑各种备选的解决方案。与利益相关者进行沟通，有助于了解可能影响新技术或战略长期成功与否的社会或制度因素，还能减少误解，增加信任[274]。

由于复杂的社会、经济和政治力量,许多群体长期以来不信任科学和技术,这可能成为制定可持续解决方案的主要障碍。与科学界的其他成员一样,环境工程师应该理解这些观点背后的历史和政治背景,并探寻与利益相关方建立成新伙伴关系的可能性。许多充满善意的科学家和环境工程师一直以来都致力于提高公众的科学认知,消除人们的疑虑。然而,几十年的社会科学研究表明,科学素养和技术知识对公众信任科学的影响相对较小[275]。怀疑往往不是因缺乏知识,而是对外部专家及其所代表的机构的诚实性和正直性产生怀疑,或担忧拟议的行动可能对其经济利益造成的影响。

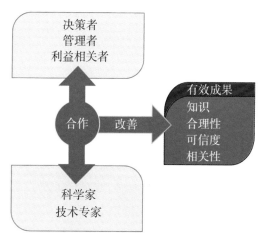

只有专家技术人员与利益相关者和政策制定者进行了真诚的双向沟通,才能够提高复杂环境问题中的有效的公众参与度。

为了消解这些紧张关系,环境工程师、科学家和其他专家应通力合作,在持怀疑态度的群体内建立联系,特别是与值得信赖的社区领导人建立联系,共同探索可接受的发展道路。从数据收集到决策的整个过程中，应当将透明度和包容性作为首要任务，确保公众能够真正参与进来，尤其是那些通常缺乏关注、处境不利或经常被忽略的群体[276]。

环境工程师还应该努力改善工程界的性别、种族和民族多样性。目前，非裔美国人、西班牙裔美国人和印第安人在环境工程领域的代表性不足，自2008年以来，向这些少数族裔授予环境工程本科或研究生学位的比例并未见增长[277]。构建一个能够映射社会广泛文化及人口背景的工程师队伍，对于理解多元化公众的视角与利益极为关键。这些差异化的生活经历将促进创新战略和技术的发展，而这些创新战略和技术不一定能从观点相似的同质化群体中涌现[278]。此外，通过增强来自代表性不足群体的职业发展机遇，可以吸引更广泛人群中的新智慧和新观点，促进良性竞争，并激发创造力。

6.3　采用政策解决方案

　　制定公共政策和个人政策可以促使社会行动,这些行动建立在对环境影响和长期社区优先级的深刻理解之上。如果缺少促使个人与社会目标一致的政策干预,个人和企业的决策与行为往往忽略了强加给他人的外部性。大多数与应对环境挑战有关的政策、管理和监管方法会涉及以下四个基本要素中的一个或多个:提供信息、改变决策环境、创造激励机制、制定规章制度。这些手段的组合往往能达到最优的效果[279]。在这四个方面里,社会科学和行为科学的研究与环境工程及环境科学相结合,可以帮助制定有依据且极有可能改变他人行为的政策。如重大挑战2所述,确定采用何种最佳的解决方案,应对复杂的挑战(如适应气候变化),往往也需要在不确定的情况下做出决策。

6.3.1　提供信息

　　教育公众是推动广泛行动或改变态度的有效策略[280]。对于成功的公众宣传活动,例如为提高人们对吸烟或森林火灾问题的认识而发起的宣传运动,会明确指出问题所在,并提出简单的解决措施(如"森林防火,人人有责")。信息的传递还能够产生社会压力,激励人们做出改变。例如,电费单可以显示一个家庭与其邻居相比的能耗数据,成功减少了许多社区的能源消耗[281]。

　　在复杂环境问题的背景下,基于信息的政策措施可采用多种方式实施,包括强制的信息披露、标识特殊的化学品,提倡供应链的全透明。例如欧盟开发的"生态标签"计划,用以识别那些满足既定环境标准的产品,并考虑产品的整个生命周期影响。政府、制造商和零售商可以通过采用收集标签、管理和共享数据,让各种产品的环境影响更加透明。基于共识的标准和第三方审计,通过计算和揭示碳、水与化学品的转移路径,可进一步提高公众的环保意识。这些措施也可反向促进供应链各环节的创新。

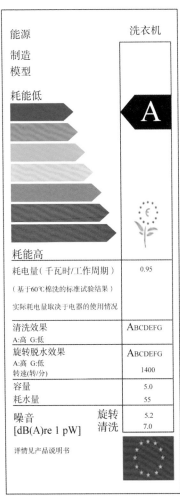

利用能效标识来提高民众的环保意识并影响消费者的选择,这是一种有效的方式。

信息呈现方式的细微调整也可以降低决策中已知的偏差,从而产生重大影响。例如,以每加仑英里数显示燃油效率时,消费者会系统性地误解燃油效率的信息。当同样的信息以每英里加仑数表示时,消费者更倾向于做出更合理的经济和环境选择[282]。

6.3.2　改变决策环境

近年来,通过修改决策环境以引导行为转变的政策引起了广泛的关注[283]。这种策略通常是通过消除行为转变过程中的障碍,从而使期望行为的发生更为简便或可能。例如,减少房主参与能源效率回扣计划所需的文书工作和烦琐流程,可以极大地提高参与度[284]。在比利时,同意捐献器官的人比邻国荷兰高出95%以上,很大程度上是因为比利时公民要求签署一份不捐献器官的表格,而荷兰公民必须签署一份选择器官捐赠的表格[285]。尽管这两个国家的大多数公民都支持器官捐赠,但是参与或不参与这一程序的烦琐程度可能会在社会层面上对健康和福祉产生巨大的影响。对默认选项的慎重考量已经在环境保护、健康促进和财务效益方面取得了积极成效[286]。

消除行为转变过程中的障碍往往比其他选择项的成本更低，在政治上更可行[287]。然而，实施这种方法还有一个挑战，政策制定者、社会科学家和环境工程师需要共同确定这些机会在哪里。

6.3.3　建立激励机制

政策上可以采取激励措施促进具有广泛的社会效益的环境解决方案，或约束造成环境问题的行为。在提供全面生态系统服务的技术比同类非生态友好技术成本更高的情况下，经济激励就非常有用。例如，向消费者提供税收抵免，鼓励购买电动汽车和太阳能电池板，或者向投资可再生能源的公司提供一定的免税额度。此外，政府可采取措施，减少不利于环境的政策风险和财政风险，例如提供部分贷款担保，简化许可程序，使它们在私人投资者面前比传统项目更具有竞争力[288]。制定对环境有害行为的约束机制同样是关键政策手段。例如，如果一个已批准的建设项目不可避免地会对湿地产生影响，根据《清洁水法》，要求其建立或恢复其他湿地区域作为补偿。可以征收碳排放税，抑制碳排放，稳定气候变化，同时也为长期固碳封存工作提供资金。

为了更好地理解人们对激励机制的响应，社会科学领域的研究至关重要。例如，对于特定的目标来说，社会激励是否比财政激励更有效？鉴于其监测和执行成本，如何有效地和高效地实施奖励或惩罚措施？环境工程研究可以向政策决策者提供不同政策选项的系统性利益与成本分析。

通过智能太阳能泵鼓励节约用水 ─────

　　更多地使用太阳能泵降低了抽水灌溉作物的能源成本，同时减少了碳排放。然而，由于太阳能电池板的大量补贴和免费的太阳能电力导致了另一个问题：过度灌溉作物和过度使用有限的地下水。对于这个问题，国际水资源管理研究所的研究人员制定了一种解决方案──该方案既包含技术层面的创新，也涉及政策和管理层面的调整。他们在印度古吉拉特邦启动了"智能太阳能水泵"试点项目，鼓励农民将多余的太阳能卖回电网。通过保证太阳能回购，农民增加了收入，国家在向可再生能源目标迈进的同时，也扩大了能源储备，保护了地下水的资源[289]。

印度古吉拉特邦的太阳能水泵

6.3.4 制定规章制度

地方、州级、国家或国际性的规章制度构成是减少环境污染影响和促进环境改善的重要工具。例如，1987 年的《蒙特利尔议定书》禁止在全球范围内使用氯氟烃，因为氯氟烃破坏地球平流层的臭氧保护层，这一措施的成效已经显现，臭氧层目前正在逐渐恢复。为解决地表水的磷污染，一些国家已禁止在洗涤剂中添加磷酸盐。在美国，一半以上的州禁止使用含磷洗涤剂后，洗涤剂产业主动从洗涤产品中去除磷酸盐[290]。政策的另一种方式是为政府或公司的合同和采购决定制定环境质量标准，促进替代技术的选择和新技术的发展。环境规章制度的建立依赖于深入的科学与工程研究，并且这些研究工作从政策相关的科学发现和交流中获益。

6.4 环境工程师的工作

为了采取明智的决策和行动，环境工程师应该与决策者、利益相关者和其他的专家通力合作，提升公众对其决策后果的认识，共同识别问题，创造解决方案，并助力制定有效的政策措施。环境工程师拥有专业技能，能够评估解决关键挑战所提出的不同方案的风险与收益，并具备跨学科整合信息的能力。非常重要的一点是，开发有效的和可行的方法，与社区（尤其是常被忽视的社区）、企业和政府建立合作关系极为关键，并与社会科学、行为科学、通信、生态经济学、计算机科学、政策和管理以及其他学科的专家进行协作。考虑到面临挑战的复杂性，显而易见，需要不断地升级合作方式，以精炼策略并开发出既可行又受欢迎且具有深远影响的解决方案。

为了应对这一挑战,制定满足各方需求的解决策略,环境工程师需致力于掌握新技术的能力,促进该领域的多样化,下一章将进行更详细的讨论。下面重点介绍了环境工程师在助力应对该挑战的具体示例。

 环境工程师帮助采取明智决策和行动的示例 ————

　　环境工程师以多种方式,与其他的专家和利益相关者合作,帮助人们在充分的信息支持下采取决策和行动。

　　与社区和其他学科的专家,如生态学家、经济学家、社会行为科学家和通信专家合作,分析和清楚表达选择与环境重大挑战相关的备选方案可能产生的后果。分析个人和社会群体的影响与收益，帮助利益相关者和决策者更好地了解其选择带来的影响。

·积极推动行业多元化，鼓励来自少数群体的人才参与环境工程及相关学科，培养他们成为该领域内的未来专家。

·开发新方法和新技术来收集生态系统服务与生命周期分析的环境数据。

·与社区和公民合作，收集和评估环境以及社会经济数据，揭示数据内涵与个人、企业和政府行为之间的关系，并解释这些信息的重要性。环境工程师还可以开发更为先进的公众参与科学的方法和技术支持平台。同时，应特别注意以往服务不足和被忽略的社区。

·开发透明、对用户友好的决策工具，通过综合的财务、社会和环境风险、成本与收益的信息来协助决策。

CHAPTER **7**

环境工程的终极挑战：
为迎接新的未来做好准备

环境工程学科主要关注公共卫生和卫生基础设施的建设,其从业者的目标是提供洁净的水和有效的废物处理方案。这些基本服务对于维护社会健康和促进经济繁荣至关重要,它们有助于提升人们的生活质量并延长预期寿命。当今世界正面临着许多的挑战,这些挑战远远超出了环境工程历史上所能解决问题的范畴。目前的社区规模空前增大,技术创新和社会变革的步伐加快。人类活动对环境的影响已经扩展至全球和区域两个层面。

面对本书中提到的重大挑战,环境工程师需要积极响应并发挥主导作用。为此,环境工程必须拓展其研究领域,从关注单个问题转变为采用系统化的方法来应对一系列更为广泛的问题。环境工程师需要具备预见性,而不仅仅是对已发生的问题。传统的知识、技能和问题解决方法可能已经不能完全满足未来的需求。为了提出对社会有用的解决方案,环境工程师需要在多样化上下功夫,并且与各利益相关方以及其他学科领域的专家进行合作。

目前正在发生一些转变。环境工程师开始将其专业知识扩展到卫生领域之外——例如空气质量、绿色制造、气候变化和城市设计等领域。环境工程师正在从处理和修复现有的环境问题,发展成为开发新知识、设计创新技术和策略、实施预防性解决方案的先行者。随着这一进程的推进,环境工程师有望推动构建能够支持人类和生态系统在面对可预见与非预期挑战时持续发展的系统及基础设施。

采用环境工程学科和实践的新模式并不意味着放弃其悠久的历史传统或是专业优势。相反,环境工程应当在巩固其强项的同时,重新定位以适应社会需求的不断变化。未来的环境工程实践、教育和研究应当怎样进化,以便更好地服务社区并有效应对日益复杂的全球性挑战,这是接下来需要深入探讨的问题。

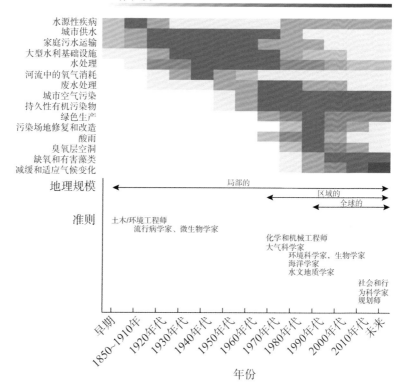

美国的主要环境工程事业发展的时间表,凸显了不断扩大的规模、日益复杂的挑战以及不断增加的学科数量。

7.1 环境工程实践

环境工程师能够在不同的工作环境中发挥关键作用——个人咨询、工业产业界、政府、学术界和非营利组织。他们从独立个体到国际机构等不同规模上发挥作用,而且在职业生涯中也在多样化的就业结构中应用其专业技能。环境工程师应如何在这个多样化的领域进行实践,以应对日益复杂的挑战?不同部门和重点领域的具体需求可能存在差异,但有两个普遍适用的核心原则。第一,生命周期和系统思维应当贯穿于环境工程的各方面,设计或分析解决方案,同时要全面考虑潜在的环境、社会和经济效益。第二,需要社区和利益相关者真正参与,并与其他跨学科专家通力合作,获得有效且可行的解决方案。

如重大挑战4中所讨论的,美国纽约市解决供水系统中病原体问题的决策过程,就包含以上两个共同点。传统的水处理技术只关注改善水过滤系统的工程化。但这里的决策者采用了更宏观的视角来解决问题。在评估了预防或去除病原体的多种方法后,他们最终得出结论,与上游居民和农民合作保护流域,为其在保护措施中的贡献提供补偿,并辅以适度的处理技术。这一策略不仅是实现水质目标的最具成本效益的途径,而且还能为整个流域带来附加益处。制定和实施这一策略需要所有利益相关者的有效参与,并最终降低成本。

环境工程师无法独立解决全球性挑战。环境工程师目前通常是在农业、工业、人类和生态系统的竞争需求的背景下,在相互关联的复杂系统中开展工作。环境工程师必须与不同学科的人员紧密合作,并且与公众一道参与解决方案的制定。在大多数的情况下,并没有适用于所有群体的统一方案,解决方案可能随着时间的推移而调整。环境工程师需要以社区为对象来研究挑战和替代解决方案,并综合考虑当地、区域和全球范围内的短期与长期后果。环境工程专业能够向正在为未来发展的领域和社区提供全面的系统观点,助力它们更有效地实现目标。一个体现社会广泛多样性的工程行业将确保各种观点得到充分理解,并能够发掘和利用所有可用的人才。

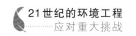
为了有效应对未来的变化,环境工程从业者应该与利益相关者和其他学科人员合作,分析、设计落实以系统为基础的切实可行的解决措施。因此,环境工程应培养更为多元化的工作队伍,特别关注种族和民族的多样性。

环境工程师为向更具协作性和系统化的实践转型,可以采纳以下步骤。

1.通过探索多元化的信息和促进社区的参与度,加强与利益相关者的互动。

2.运用现有工具开展全生命周期成本分析,并引入其他可持续性评估工具,帮助利益相关者和决策者深入认识各种决策方案可能产生的潜在后果。

3.开发新工具,理解和预测复杂系统的适应性与紧急行为。

4.采用基于实证研究的方法,从K-12阶段开始,一直到研究生阶段,吸引更多代表性不足的少数族裔和女性加入环境工程领域。

7.2 环境工程教育

虽然环境工程师的教育和培训模式多种多样,但传统上,四年制本科工程课程是环境工程的基础,它通常是实践所需的最基础的教育。目前,大多数本科环境工程课程最初会强调基础科学和应用科学、数学与工科的基础知识。此后,学生会进一步学习更高阶的课程,重点是空气、土地或水中污染物的行为、迁移和处理,以及环境健康或污染物对生态系统的影响等其他方向。最后,学生通过高级课程或综合设计项目,有机会深入探究不同的子领域,能在专业实践中锻炼需要的技能[291]。大部分本科生会在研究生院继续进行环境工程教育,以获取更多的培训和专业知识。由于环境工程领域的跨学科的复杂特性，该领域从业者中拥有研究生学历的比例极高（2014 年的数据为 50%）[292]。

为了迎接未来更复杂、更综合、更全球化和更具体的挑战，在目前的环境工程课程的基础上，我们需要更多的知识和技能。教育机构需要与学术界和实践者团体及其他领域的思想引领者合作，加强对未来环境工程师的教育，加强课程设置并培养基本技能。

7.2.1 加强课程设置

为了应对社会环境的挑战，环境工程师需要夯实专业领域的基础，同时需要广泛的知识来理解多样化的社会背景并设计有效的解决方案。例如，他们需理解所面临挑战的社会和行为学要素；即使是高效的技术解决方案，如果不考虑这些因素，也可能无法得到充分的实施（见重大挑战 5）。为了预测可能的结果并避免意想不到的后果，环境工程师还需要了解自然和人类系统中的许多非线性与动态力量，以及其可能产生的影响。

一名具有"T 型"技能的环境工程师，在深入掌握工程技术的同时，还熟悉社会科学与政策等领域，这对于洞察并构建解决当前复杂问题的有效方案是至关重要的。

学生还需在与未来挑战密切相关的科学分支领域中接受深层次的教育。虽然现有环境工程课程在水资源管理和污染物处理方面提供了坚实的基础(与该领域的历史重点保持一致),但大部分的现代大学教学大纲中,气候变化、空气污染和能源等议题的覆盖程度相对欠缺,这造成了教育体系提供的知识与未来环境工程师所需面对的挑战之间的知识断层。此外,目前大多数的环境工程课程缺乏数据科学训练,而数据科学正成为21世纪解决方案的关键手段。

为了补充和深化对应用科学、数学和工程的重视,环境工程教育课程应该加强两个领域的基础知识:复杂系统动态行为和环境挑战的社会及行为科学。此外,课程应确保其科学内容不仅与当前的全球挑战保持同步,而且要能够预见并应对未来的挑战,同时掌握那些用于制定解决策略的有效手段。

以下是加强环境工程课程基础内容可采取的步骤。

·将复杂系统、数据科学和决策分析的培训整合到环境工程课程中,培养严谨的系统思维。

·与社会科学领域的同行合作,创造学习机会,深入理解环境工程所面临挑战的社会、文化、经济、法律、政策和政治等多维背景。

·除了传统的重点领域之外,还应加强科学课程和子专业课程的设置,以涵盖与当前和预期挑战全方位相关的主题。

7.2.2 培养基本技能

除了这些新兴的基础知识领域之外,未来的环境工程师也需要拓宽新技能和新视野。寻求在更广泛的背景下可行的解决方案,还需要与决策者、公众以及不同学科的专家进行沟通合作。为了更好地关注解决问题的技能,环境工程项目应该教育学生更好地在跨学科的多元文化团队中进行沟通和合作。单一的工程解决方案在实践中很少能获得所有人的支持。因此,环境工程师必须学会创造性和批判性思考,学会平衡不同的需求和优先级,达成共识并进行有效沟通。这些能力可以通过深入了解人们和社区在面对不确定性时如何做出决策来得到增强,并且需要结合同理心和强烈的社会责任感。

环境工程教育应该使毕业生具备有效沟通、协作、批判性思考和达成共识的能力。为培养学生的能力,教育工作者可以采取以下方法。

·教授一些沟通技能,如分析交流情景、评估目标受众的沟通能力和需求、设立目标与制定方案。

·与从业者和社区负责人建立合作伙伴关系,加强学生的学习经验,参加实际的课题项目。这些问题需要运用创新、各利益相关

方参与、形成共识及达成妥协来得到解决。

·为未来的环境工程师提供亲自参与社区决策过程的机会。

·将多样化的、与文化相关的方法纳入教育过程,包括鼓励学生制定具体的解决方案,满足社会经济处于劣势和服务匮乏的群体的需求。

·创造机会,探讨环境工程在伦理和社会层面上的挑战。

·加强谈判、达成妥协以及解决冲突的教育经验。

7.2.3 工程教育改革的方法

解决环境工程中的巨大挑战需要拓宽教育视野。跨学科的体验式学习让学生学会如何综合考虑预算限制、历史背景、公众接受度和监管体系等众多因素,这些因素都会对社会问题的技术解决方案的设计和执行产生影响。因此,我们需要构建一种新的环境工程教育模式来培养有创新力的和能有效解决问题的专业人才。

目前此领域已取得一定的进展。多所大学已经开展了工程领导力计划项目，开发了加强本科工程教育体验的教育模式[293]。美国国家工程院还通过与"2020年工程项目"[294]和"重大挑战学者培养计划"的合作，主导了几项推进本科生工程教育的工作[295]。这些努力证明了无须新增课程，现有的工程课程就可以得到加强。例如，"重大挑战学者培养计划"涉及5个核心领域——研究/创新、多学科、商业/企业家精神、多元文化、社会责任——这些可以在现有学位要求的基础上附加或融入其中。通过鼓励大学采用基于项目或服务的学习模式，加强学生在复杂的现实背景下设计解决方案的经验。它在不破坏现有课程结构的前提下提供了更为广泛的教育体验。此类计划可扩展至提供国际化的学习经历，培养更专业、参与度更高的环境工程人才。

四年制本科的课程内容很有限，可能需要在本科阶段引入与重大挑战相关的新的子专业，但这些专业的完整教学可能需通过研究生课程来实现。此外，工程教育可以通过其他正式和非正式的教育教育机会得到提升。对于在职工程师来说，发展专业知识和技能的继续教育是尤为重要的。像工作、出国留学、实习、独立研究、学生专业社团和社区参与项目这样的体验式课外活动将有利于本科生和研究生的培养。

工程学教育是一类特殊的专业教育，因为它融合了职业实践所需的基本技能培训和大学通识教育。然而，其他专业领域已经逐步改变这一模式，将专业学位要求过渡到研究生阶段，以适应要求日益提高和专业化的职业需求。理疗、药学和护理专业就是最好的例子[296]。为了培养具备应对重大挑战能力的专业人才，环境工程可能需要更加关注研究生教育。将专业化培训从本科教育中分离出来,为那些拥有本科工程学位的人提供在其他领域(如法律、政治、教育和经济学)继续深造的机会,从而促进这些领域与工程学背景的融合,进而增强跨学科合作的潜力。然而,这这一教育模式的变革可能带来一个非预期的负面结果,即该领域内代表性不足的群体的百分比进一步降低。如果未来环境工程师的教育焦点移至研究生水平,就可能需要针对性地招募代表性不足的群体加入环境工程研究生课程。

高等院校环境工程专业应该评估本科生与研究生的学位要求以及其他的教育机会,以确保环境工程师能够接受足够的培训来应对重大挑战。有几种方法可以拓展和加强本科阶段的环境工程教育,但这些变化可能在更大的程度上依赖研究生教育来进行专业化培养。

在工程学科中,环境工程在引领更广泛、更全面的教育方面处于优势地位。教育机构可采取以下步骤。

·重构课程体系,更多地依赖研究生教育来提供专业培训,这将为本科生提供更多的机会去深入了解环境问题的社会和行为因素、复杂系统的运作方式、数据科学的应用,以及如何解决现实世界中的问题,并且培养他们解决复杂跨学科问题所需要的技能。这种变化可能需要尽力招募和留住代表性不足的少数群体。

·运用基于实践或服务的学习模式,鼓励体验式学习,增强大学生的教育体验。

·将重大挑战学者培养计划纳入本科教育。

7.3 环境工程研究

在推动技术创新和应对社会重大挑战所需的方法论方面,科学研究将继续发挥核心作用。环境工程研究可以在众多场合中展开。大学可能是最重要的一部分（也是本节所述分析与展望的主要背景），但国家实验室、政府机构、私营企业、非营利组织以及国际组织也是研究与创新的重要场所。工程研究旨在扩展知识领域并探求更优的问题解决方法。在这些总体目标的基础上，有两个关键因素影响着研究方向的选择、研究的实施方式，以及如何将研究成果应用于实际。第一个因素是研究人员的聘用制度，第二个因素是研究经费的配置体系。虽然在不同领域这些结构各不相同，但一般来说，大部分研究者通过接受正规教育获得专业的基础知识和研究经验，随后在特定的子领域内找到研究工作，然后通过独立主导项目、获得研究资金和发表研究成果来推动职业生涯的发展。在美国，研究经费主要由联邦政府提供给大学及其他研究机构，同时，许多私人企业也开展研究工作。

尽管这些机制已经带来了显著的成就,但人们逐渐意识到研究体系在某些方面存在不足[297]——限制了工程研究及其衍生工程实践发挥其全部潜力。研究和实践中最重要且最紧迫的挑战之一是需要有效的跨学科合作。应对未来的巨大挑战不仅需要传统的环境工程学科的进步,还需要跨工程学科、自然科学、社会科学和人文科学的参与。环境工程师通常与其他工程和科学学科人员合作,但为了制定针对21世纪挑战的有效的解决策略,与社会科学领域的深入合作变得不可或缺(见重大挑战5)。跨学科研究整合多个学科的信息、观点和技术,可以用来解决单一学科无法解决的问题[298]。

7.3.1 鼓励跨学科研究

跨学科合作的成功依赖于文化层面的转型,这要求我们必须接受新的专业知识与思考模式,并且需要制定对个人和机构的激励机制。这种转变已经进行了大约20年[299],但仍存在诸多的障碍[300]。许多大学的早期职业学者被建议避免进行跨学科和团队研究,因为研究人员应优先在自己的专业领域内建立学术声誉,而后再考虑跨学科或团队研究的可能性。这种普遍的观念在聘任体系中得到进一步固化,特别是在高校环境下,研究职位多被配置在围绕传统学科建立的院系。与参与广泛的协作研究项目相比,个人获取研究资金并与学生(非同事)合作在学术期刊上发表成果,似乎更有助于学者获得终身职位和职业晋升。这一现象部分是因为大规模的研究团队通常会面临较长的论文发表周期,以及有众多的参与署名者。这些因素的综合作用导致处于职业生涯早期阶段的学者们发现,尽管跨学科研究可能带来更多的资金和就业机会,并且其社会影响的潜力愈加明显,但投身于跨学科项目可能会对他们的职业发展构成挑战。

尽管跨学科研究最近取得了一些进展,但评价学术成就时,许多高校依然优先考虑本学科专业的成果,而忽视了跨学科合作的重要性。为了促进合作,应对未来的挑战,研究岗位聘用结构应朝着重视和激励跨学科的方向发展。

为了激励跨学科合作,研究机构可以采取以下措施。

·制定反映环境工程跨学科性质的招聘、晋升和奖励流程,包括评估与非传统跨学科期刊的合著和发表相关论文的影响[301]。

·加强跨学科指导,以支持早期职业学者在非传统学术单位和职业上的发展与影响。为面向交叉和跨学科主题的早期职业学者提供机会,支持其研究。

7.3.2　支持跨学科研究

研究资质是建立和维持研究项目以及培养后续学者的关键因素。美国一些支持研究的主要机构,包括美国国家科学基金会(National Science Foundation, United States, NSF),仍然沿用以学科为基础的架构来安排其研究计划。近年来增加了对跨学科研究的资助,为创新性研究的新浪潮提供了动力。例如,NSF 在智能和互联社区方面的项目有食品—能源—水系统的创新项目,以及自然与人类系统动态和水资源可持续性与气候变化等领域的项目,与本书提出的挑战有着诸多的交集。对早期职业学者的研究支持仍然主要基于学科,如 NSF 教师早期职业发展计划和研究生奖学金计划。这有助于塑造一个学者的长期发展轨迹。

由跨学科计划主导的研究团队通常包括工程师、社会科学家、经济学家和其他的专家。这些团队的成功取决于各学科能否真正融合。这需要的不仅仅是把不同学科的专家聚在一起,增加项目的多学科观点。应对当今跨学科的挑战,需要研究人员投入时间与本学科以外的人建立联系,同时,高校也应当认可并奖励这种投入。虽然种子基金可以促进新合作,并降低启动跨学科新项目的门槛,但一些较为成功的跨学科合作往往源于一群对共同问题感兴趣的研究者的自发组织。例如,跨学科论坛可以将跨学科学者聚集在一起,讨论和展示研究,产生新的合作。这些类型的互动非常有效,但还未广泛普及。只要跨学科的研究机构本身不是一个孤岛,那它在围绕共同主题来聚集不同领域的学者方面大有可为。

跨学科合作要求在不同学科之间进行有深度的交流和真正的融合。通过精心设计资助项目,营造良好的关系和合作发展的有序环境，资助组织和研究机构可以促进有效的合作。

研究机构、组织和公司为促进跨学科合作可采取以下步骤。

·为面向交叉和跨学科主题的早期职业学者提供机会，支持他们的研究。

·优先支持跨学科研究，即使这可能会减少对单一学科的支持，并采用评价方法来奖励那些与学者真正开展合作的研究团队和项目[302]。

·按照2017年美国国家科学院报告《基于中心的工程研究的新愿景》的建议，建立聚焦重大挑战的美国国家科学基金会工程研究中心[303]。

·组织研讨会和其他的论坛，促进交叉学科的参与，并围绕环境工程的重大挑战进行讨论。

·采纳跨学科的研究架构与计划，汇聚拥有不同学术背景但对某些特定挑战或议题共同关注的研究者[304]。

7.3.3 业界及社会参与

跨学科研究的成效体现在跨学科团队产生的新知识被应用于工业和社区实践。模型在实际中的应用为验证和改进通过学术研究获得的新知识提供了机会，同时也为这些知识转化为社会利益搭建了桥梁。这些交流也为教师提供了深入探究影响工程实践的具体问题和基础问题的机会。许多的大学学者在将研究成果转化为现场应用方面缺乏经验。尽管其很重要，但大学的晋升和奖励往往不承认它们的价值。有些项目为学术界和工业界合作提供了共同解决现实问题的机会。这包括美国国立卫生研究院的临床与科研成果转化奖励计划、美国国家科学基金会学术联络人项目、工业和创新合作伙伴项目的资助机会。

研究机构、组织和公司可以采取加强科研转化的措施如下所示。

·通过工业界、学术界和社区之间的合作伙伴关系,寻求更多的机会,将跨学科的研究成果转化为实践。

·在大学建立晋升和奖励制度,以激励教师将环境工程研究的发现转化为实践,重点是那些对社会产生积极影响的研究产品和技术。

参考文献

1. Cutler, D., and G. Miller. 2005. The role of public health improvements in health advances: The 20th century United States. *Demography* 42 (1): 1–22.

2. U.S. Environmental Protection Agency. 2018. Air Pollutant Emissions Trends Data.

3. Engelhaupt, E. 2008. Happy birthday, Love Canal. *Chemical & Engineering News* 86(46): 46–53.

4. U.S. Environmental Protection Agency. 1992. CERCLA/Superfund Orientation Manual. EPA/542/R–92/005.

5. GBD 2016 Mortality Collaborators. 2017. Global, regional, and national under–5 mortality, adult mortality, age–specific mortality, and life expectancy, 1970－2016: A systematic analysis for the Global Burden of Disease Study 2016. *The Lancet* 390(10100): 1084–1150; Kontis, V., J. E. Bennett, C. D. Mathers, G. Li, K. Foreman, and M. Ezzati, 2017. Future life expectancy in 35 industrialised countries: Projections with a Bayesian model ensemble. *The Lancet* 389(10076): 1323–1335.

6. United Nations Department of Economic and Social Affairs. 2017. World Population Projected to Reach 9.8 Billion in 2050, and 11.2 Billion in 2100.

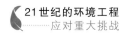

7. World Bank. 2017. No Poverty. Atlas of Sustainable Development Goals. Washington, DC.

8. World Health Organization and United Nations Children's Fund. 2017. *Progress on Drinking Water, Sanitation and Hygiene: 2017* Update and SGD Baselines. Geneva: WHO and UNICEF.

9. International Energy Agency. 2017. *Energy Access Outlook 2017: From Poverty to Prosperity.* Organisation for Economic Co-operation and Development.

10. World Health Organization. 2018. Household Air Pollution and Health. Fact Sheet.

11. GBD 2016 Risk Factors Collaborators. 2017. Global, regional, and national comparative risk assessment of 84 behavioural, environmental and occupational, and metabolic risks or cluster of risks, 1990-2016: A systematic analysis for the Global Burden of Disease Study 2016. *The Lancet* 390(10100): 1345-1422.

12. United Nations Conference on Trade and Development. 2016. *Development and Globalization: Facts and Figures 2016.*

13. Kharas, H. 2010. The Emerging Middle Class in Developing Countries. OECD Development Centre Working Paper No. 285. Paris: Organisation for Economic Co-operation and Development.

14. United Nations. 2018. Sustainable Development Goals.

15. United Nations. 2017. *The Sustainable Development Goals Report 2017.*

16. World Health Organization. 2017. Children: Reducing Mortality. Fact Sheet. October.

17. World Health Organization and United Nations Children's Fund. 2017. *Progress on Drinking Water, Sanitation andHygiene: 2017 Update and SGD Baselines.* Geneva: WHO and UNICEF.

18. International Energy Agency. 2018. Access to Electricity. Energy Access Database.

19. World Health Organization and United Nations Children's Fund. 2017. *Progress on Drinking Water, Sanitation and Hygiene: 2017 Update and SGD Baselines.* Geneva: WHO and UNICEF.

20. Foley, J., N. Ramankutty, C. Balzer, E. M. Bennett, K. A. Brauman, S. R. Carpenter, E. Cassidy, J. Gerber, J. Hill, M. Johnston, C. Monfreda, N. D. Mueller, C. O'Connell, S. Polasky, D. K. Ray, J. Rockström, J. Sheehan, S. Siebert, D. Tilman, P. C. West, and D. P. M. Zaks. 2011. Solutions for a cultivated planet. *Nature* 478(7369): 337–342.

21. Mateo-Sagasta, J., S. M. Zadeh, and H. Turral. 2017. *Water Pollution from Agriculture: A Global Review.* Executive Summary. Rome: Food and Agriculture Organization of the United Nations, and Colombo, Sri Lanka: International Water Management Institute.

22. Food and Agriculture Organization of the United Nations. 2011. "Energy-Smart" Food for People and Climate. Issue Paper. Rome: FAO.

23. Godfray, H., J.R. Beddington, I.R. Crute, L. Haddad, D. Lawrence, J.F. Muir, J. Pretty, S. Robinson, S.M. Thomas, and C. Toulmin. 2010. Food security: The challenge of feeding 9 billion people. Science 327: 812–818; Conway, G. 2012. One Billion Hungry: Can We Feed the World? Ithaca, NY: Cornell University.

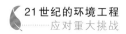
24. Food and Agriculture Organization of the United Nations. 2017. *The Future of Food and Agriculture—Trends and Challenges*. Rome: FAO; U.S. Global Change Research Program. 2017. *Climate Science Special Report: Fourth National Climate Assessment*, Vol. 1. D. J. Wuebbles, D. W. Fahey, K. A. Hibbard, D. J. Dokken, B. C. Stewart, and T. K. Maycock, eds. Washington, DC: USGCRP.

25. National Academies of Sciences, Engineering, and Medicine. 2016. *Attribution of Extreme Weather Events in the Context of Climate Change*. Washington, DC: The National Academies Press; Reddy, V. R., S. K. Singh, and V. Anbumozhi. 2016. Food Supply Chain Disruption Due to Natural Disasters: Entities, Risks, and Strategies for Resilience. Economic Research Institute for ASEAN and East Asia Discussion Paper Series.

26. Foley, J. A., N. Ramankutty, K. A. Brauman, E. S. Cassidy, J. S. Gerber, M. Johnston, N. D. Mueller, C. O'Connell, D. K. Ray, P. C. West, and C. Balzer. 2011. Solutions for a cultivated planet. *Nature* 478(7369): 337–342.

27. Mahlein, A.K. 2016. Plant disease detection by imaging sensors—Parallels and specific demands for precision agriculture and plant phenotyping. *Plant Disease* 100(2): 241–251.

28. Schumann, A. W. 2010. Precise placement and variable rate fertilizer application technologies for horticultural crops. *Hort Technology* 20 (1): 34–40.

29. National Academies of Sciences, Engineering, and Medicine. 2018. *Science Breakthroughs to Advance Food and Agricultural Research by*

2030. Washington, DC: The National Academies Press.

30. National Academies of Sciences, Engineering, and Medicine. 2016. *Genetically Engineered Crops: Experiences and Prospects*. Washington, DC: The National Academies Press.

31. National Academies of Sciences, Engineering, and Medicine. 2018. *Science Breakthroughs to Advance Food and Agricultural Research by 2030*. Washington, DC: The National Academies Press.

32. Anand, G. 2016. Farmers' unchecked crop burning fuels India's air pollution. *The New York Times*. Nov. 2.

33. National Academies of Sciences, Engineering, and Medicine. 2018. *Scientific Breakthroughs to Advance Food and Agricultural Research by 2030*. Washington, DC: The National Academies Press.

34. Poppick, L. 2018. The future of fish farming may be indoors. *Scientific American*, September 17.

35. FAO. 2011. Global Food Losses and Food Waste—Extent, Causes, and Prevention. Rome: FAO.

36. Sharma, C., R. Dhiman, N. Rokana, and H. Panwar. 2017. Nanotechnology: An untapped resource for food packaging. *Frontiers in Microbiology* 12(8): 1735.

37. Gerber, P. J., H. Steinfeld, B. Henderson, A. Mottet, C. Opio, J. Dijkman, A. Falcucci, and G. Tempio. 2013. *Tackling Climate Change Through Livestock—A Global Assessment of Emissions and Mitigation Opportunities*. Rome: Food and Agriculture Organization.

38. Organisation for Economic Co-operation and Development and Food and Agriculture Organization. 2017. Commodity Environmental

Engineering for the 21st Century: Addressing Grand Challenges snapshots: Meat. Pp. 110–112 in *OECD–FAO Agricultural Outlook 2017–2026. Special Focus: Southeast Asia.* Paris: OECD.

39. Ranganathan, J., D. Vennard, R. Waite, P. Dumas, B. Lipinski, and T. Searchinger. 2016. *Shifting Diets for a Sustainable Food Future.* Washington, DC: World Resources Institute.

40. Organisation for Economic Co-operation and Development. 2012. *OECD Environmental Outlook to 2050: The Consequences of Inaction.*

41. Gleick, P. H. 1993. Water in Crisis: *A Guide to the World's Fresh Water Resources.* New York: Oxford University Press.

42. van Dijk, A. I. J. M., H. E. Beck, R. S. Crosbie, R. A. M. de Jeu, Y. Y. Liu, G. M. Podger, B. Timbal, and N. R. Viney. 2013. The Millennium Drought in southeast Australia (2001 – 2009): Natural and human causes and implications for water resources, ecosystems, economy, and society. *Water Resources Research* 49(2): 1040–1057.

43. Swain, D. L., B. Langenbrunner, J. D. Neelin, and A. Hall. 2018. Increasing precipitation volatility in twenty-first-century California. *Nature Climate Change* 8(5): 427.

44. ScienceDaily. 2018. Water scarcity. Available at https://www.sciencedaily.com/terms/water_scarcity.htm.

45. Graf, W. 1999. Dam nation: A geographic census of American dams and their large-scale hydrologic impacts. *Water Resources Research* 5(4): 1305–1311; Richter, B. D., S. Postel, C. Revenga, T. Scudder, B. Lehner, A. Churchill, and M. Chow. 2010. Lost in development's shadow: The downstream human consequences of dams. *Water*

Alternatives 3(2): 14–42; Gleick, P. H. 2000. A look at twenty–first century water resources development. *Water International* 25(1): 127–138.

46. Konikow, L. F. 2011. Contribution of global groundwater depletion since 1900 to sea–level rise. *Geophysical Research Letters* 38(17): L17401, doi: 10.1029/2011GL048604.

47. International Desalination Association. 2018. Desalination by the Numbers. Available at http://idadesal. org / desalination–101/ desalination–by–the–numbers.

48. Dongare, P. D., A. Alabastri, S. Pedersen, K. R. Zodrow, N. J. Hogan, O. Neumann, J. Wu, T. Wang, A. Deshmukh, M. Elimelech, and Q. Li. 2017. Nanophotonics–enabled solar membrane distillation for off–grid water purification. *Proceedings of the National Academy of Sciences* 114(27): 6936–6941.

49. National Research Council. 2008. *Desalination: A National Perspective.* Washington, DC: The National Academies Press.

50. National Academies of Sciences, Engineering, and Medicine. 2016. *Using Graywater and Stormwater to Enhance Local Water Supplies: An Assessment of Risks, Costs, and Benefits.* Washington, DC: The National Academies Press.

51. National Research Council. 2012. *Water Reuse: Potential for Expanding the Nation's Water Supply Through Reuse of Municipal Wastewater.* Washington, DC: The National Academies Press.

52. National Research Council. 2012. *Water Reuse: Potential for Expanding the Nation's Water Supply Through Reuse of Municipal Wastewater.*

Washington, DC: The National Academies Press.

53. National Academies of Sciences, Engineering, and Medicine. 2016. *Using Graywater and Stormwater to Enhance Local Water Supplies: An Assessment of Risks, Costs, and Benefits.* Washington, DC: The National Academies Press.

54. Maupin, M. A., J. F. Kenny, S. S. Hutson, J. K. Lovelace, N. L. Barber, and K. S. Linsey. 2014. Estimated Use of Water in the United States in 2010. U.S. Geological Survey Circular 1405.

55. U.S. Department of Agriculture, Economic Research Service. Ag and Food Statistics: Charting the Essentials. Available at https://www.ers. usda. gov / data-products / ag-and-food-statistics-charting-the-essentials/agricultural-trade/; Mekonnen, M. M., and A. Y. Hoekstra. 2011. The green, blue and grey water footprint of crops and derived crop products. *Hydrology and Earth System Sciences* 15(5): 1577.

56. Brauman, K. A., S. Siebert, and J. A. Foley. 2013. Improvements in crop water productivity increase water sustainability and food security—A global analysis. *Environmental Research Letters* 8(2): 024030.

57. Chaves, M. M., T. P. Santos, C. R. Souza, M. F. Ortuño, M. L. Rodrigues, C. M. Lopes, J. P. Maroco, J. S. Pereira. 2007. Deficit irrigation in grapevine improves water-use efficiency while controlling vigour and production quality. *Annals of Applied Biology* 150(2): 237-252.

58. Ali, M. H., and M. S. U. Taluder. 2008. Increasing water productivity in crop production—A synthesis. *Agricultural Water Management* 95 (11): 1201-1213; National Academies of Sciences, Engineering, and Medicine. 2018. *Science Breakthroughs to Advance Food and*

Agricultural Research by 2030. Washington, DC: The National Academies Press.

59. Food and Agriculture Organization of the United Nations. 2003. *Unlocking the Water Potential of Agriculture.*

60. Cutler, D., and G. Miller. 2005. The role of public health improvements in health advances: The 20th century United States. *Demography* 42 (1): 1–22.

61. National Research Council. 2006. *Drinking Water Distribution Systems: Assessing and Reducing Risks*. Washington, DC: The National Academies Press.

62. Centers for Disease Control and Prevention. 2018. Legionella (Legionnaires' Disease and Pontiac Fever). Available at https:// www. cdc.gov/legionella/about/history.html.

63. Pieper, K.J., L.A.H. Krometis, D.L. Gallagher, B.L. Benham, and M. Edwards. 2015. Incidence of waterborne lead in private drinking water systems in Virginia. *Journal of Water and Health* 13(3): 897–908; Deshommes, E., L. Laroche, S. Nour, C. Cartier, and M. Prévost. 2010. Source and occurrence of particulate lead in tap water. *Water Research* 44(12): 3734–3744.

64. United Nations. 2017. The Sustainable Development Goals Report 2017.

65. Bill & Melinda Gates Foundation. 2018. Reinvent the Toilet Challenge, Strategy Overview.

66. Gençr, E., C. Miskin. X. Sun, M. R. Khan, P. Bermel, M. A. Alam, and R. Agrawal. 2017. Directing solar photons to sustainably meet food, energy, and water needs. *Scientific Reports* 7:3133.

67. United Nations. 2017. The Sustainable Development Goals Report 2017.

68. U.S. Energy Information Administration. 2017. EIA projects 28% increase in world energy use by 2040. Today in Energy.

69. International Energy Agency. 2018. *The Future of Cooling: Opportunities for Energy Efficient Air Conditioning.* Organisation for Economic Co-operation and Development.

70. U.S. Energy Information Administration. 2018. Petroleum, natural gas, and coal still dominate U.S. energy consumption. Today in Energy.

71. International Energy Agency. 2017. Key World Energy Statistics. Available at https://www. iea. org / publications / freepublications/ publication/KeyWorld2017.pdf.

72. National Research Council. 2010. *Hidden Costs of Energy: Unpriced Consequences of Energy Production and Use.* Washington, DC: The National Academies Press.

73. Jenner, S., and A. J. Lamadrid. 2012. Shale gas vs. coal: Policy implications from environmental impact comparisons of shale gas, conventional gas, and coal on air, water, and land in the United States. *Energy Policy* 53:442−453; U.S. Environmental Protection Agency. 2016. *Hydraulic Fracturing for Oil and Gas: Impacts from the Hydraulic Fracturing Water Cycle on Drinking Water Resources in the United States.* Final Report. EPA/600/ R−16/236F. Washington, DC.

74. National Academies of Sciences, Engineering, and Medicine. 2017. *Flowback and Produced Waters: Opportunities and Challenges for Innovation: Proceedings of a Workshop.* Washington, DC: The National Academies Press.Environmental Engineering for the 21st Century:

Addressing Grand Challenges

75. National Academies of Sciences, Engineering, and Medicine. 2017. *Safely Transporting Hazardous Liquids and Gases in a Changing U.S. Energy Landscape.* Washington, DC: The National Academies Press.

76. National Research Council. 2007. *Environmental Impacts of Wind-Energy Projects.* Washington, DC: The National Academies Press; National Research Council. 2010. *Electricity from Renewable Resources: Status, Prospects, and Impediments.* Washington, DC: The National Academies Press.

77. National Research Council. 2007. *Environmental Impacts of Wind-Energy Projects.* Washington, DC: The National Academies Press.

78. American Wind Wildlife Institute. 2014. Wind Turbine Interactions with Wildlife and Their Habitats: A Summary of Research Results and Priority Questions. Fact Sheet.

79. National Research Council. 2010. *Hidden Costs of Energy: Unpriced Consequences of Energy Production and Use.* Washington, DC: The National Academies Press.

80. Sprecher, B., Y. Xiao, A. Walton, J. Speight, R. Harris, R. Kleijn, G. Visser, and G. J. Kramer. 2014. Life cycle inventory of the production of rare earths and the subsequent production of NdFeB rare earth permanent magnets. *Environmental Science & Technology* 48(7): 3951–3958.

81. Hill, J., E. Nelson, D. Tilman, S. Polasky, and D. Tiffany. 2006. Environmental, economic, and energetic costs and benefits of biodiesel and ethanol biofuels. *Proceedings of the National Academy*

of Sciences 103(30): 11206-11210.

82. Lim, X. 2016. Uphill climb for biogas in Asia. *Chemical & Engineering News* 94:20-22.

83. Levin, T., and V.M. Thomas. 2016. Can developing countries leapfrog the centralized electrification paradigm? *Energy for Sustainable Development* 31: 97-107.

84. Koss, G. 2016. Renewable energy: Necessity drives Alaska's "petri dish" of innovation. *E&E News* Greenwire.

85. National Academies of Sciences, Engineering, and Medicine. 2017. *Enhancing the Resilience of the Nation's Electricity System.* Washington, DC: The National Academies Press.

86. Lawrence Berkeley National Laboratory. 2018. Microgrids at Berkeley Lab: Huatacondo. Available at https://building-microgrid.lbl.gov/huatacondo.

87. United National Conference on Trade and Development. 2017. The Least Developed Countries Report 2017: Transformational Energy Access. Geneva: UNCTAD/LDC/2017.

88. National Research Council. 2010. *The Power of Renewables: Opportunities and Challenges for China and the United States.* Washington, DC: The National Academies Press; National Research Council. 2010. *Electricity from Renewable Resources Status, Prospects, and Impediments.* Washington, DC: The National Academies Press.

89. Chen, H., Q. Ejaz, X. Gao, J. Huang, J. Morris, E. Monier, S. Paltsev, J. Reilly, A. Schlosser, J. Scott, and A. Sokolov. 2016. *Food, Water, Energy, Climate Outlook: Perspectives from 2016.* Massachusetts

Institute of Technology Joint Program on the Science and Policy of Global Change.

90. National Academies of Sciences, Engineering, and Medicine. 2017. *Enhancing the Resilience of the Nation's Electricity System*. Washington, DC: The National Academies Press.

91. Penn, I. 2018. The $3 billion plan to turn Hoover Dam into a giant battery. *New York Times*, July 24.

92. Luo, X., J. Wang, M. Dooner, and J. Clarke. 2015. Overview of current development in electrical energy storage technologies and the application potential in power system operation. *Applied Energy* 137: 511–536.

93. Meadows, D. H. 2008. *Thinking in Systems: A Primer*. White River Junction, VT: Chelsea Green.

94. Mihelcic, J. R., J. B. Zimmerman, and M. T. Auer. 2014. *Environmental Engineering: Fundamentals, Sustainability, Design, Vol. 1*. Hoboken, NJ: Wiley.

95. Sterman. J. D. 1994. Learning in and about complex systems. System Dynamics Review 6(2–3): 291–330.

96. Boccara, N. 2010. Modeling Complex Systems, 2nd ed. New York: Springer.

97. National Academy of Sciences. 2014. *Climate Change: Evidence and Causes*. Washington, DC: The National Academies Press.

98. U.S. Global Change Research Program. 2017. *Climate Science Special Report: Fourth National Climate Assessment, Vol. 1*. D. J. Wuebbles, D. W. Fahey, K. A. Hibbard, D. J. Dokken, B. C. Stewart, and T. K.

Maycock, eds. Washington, DC: USGCRP.

99. U.S. Global Change Research Program. 2017. *Climate Science Special Report: Fourth National Climate Assessment*, Vol. 1. D. J. Wuebbles, D. W. Fahey, K. A. Hibbard, D. J. Dokken, B. C. Stewart, and T. K. Maycock, eds. Washington, DC: USGCRP.

100. National Academies of Sciences, Engineering, and Medicine. 2017. *Attribution of Extreme Weather in the Context of Climate Change.* Washington, DC: The National Academies Press.

101. U.S. Global Change Research Program. 2017. *Climate Science Special Report: Fourth National Climate Assessment*, Vol. 1. D. J. Wuebbles, D. W. Fahey, K. A. Hibbard, D. J. Dokken, B. C. Stewart, and T. K. Maycock, eds. Washington, DC: USGCRP.

102. National Research Council. 2012. *Climate Change: Evidence, Impacts, and Choices.* Washington, DC: The National Academies Press.

103. Intergovernmental Panel on Climate Change. 2015. *Climate Change 2014: Mitigation of Climate Change. Contribution of Working Group III to the IPCC Fifth Assessment Report.* Cambridge, UK: Cambridge University Press.

104. U.S. Global Change Research Program. 2017. *Climate Science Special Report: Fourth National Climate Assessment*, Vol. 1. D. J. Wuebbles, D. W. Fahey, K. A. Hibbard, D. J. Dokken, B. C. Stewart, and T. K. Maycock, eds. Washington, DC: USGCRP.

105. Knoblauch C., C. Beer, S. Liebner, M. N. Grigoriev, and E. M. Pfeiffer. 2018. Methane production as key to the greenhouse gas budget of thawing permafrost. *Nature Climate Change* 8: 309−312.

106. Intergovernmental Panel on Climate Change. 2014. Climate Change 2014 Synthesis Report: Summary for Policymakers.

107. International Panel on Climate Change. 2018. Global warming of 1.5° C. *An IPCC special report on the impacts of global warming of 1.5° C above pre-industrial levels and related global greenhouse gas emission pathways, in the context of strengthening the global response to the threat of climate change, sustainable development, and efforts to eradicate poverty*. V. Masson-Delmotte, P. Zhai, H. O. Pötner, D. Roberts, J. Skea, P. R. Shukla, A. Pirani, Y. Chen, S. Connors, M. Gomis, E. Lonnoy, J. B. R. Matthews, W. Moufouma-Okia, C. Péan, R. Pidcock, N. Reay, M. Tignor, T. Waterfield, and X. Zhou (eds.). In Press.

108. U.S. Global Change Research Program. 2017. *Climate Science Special Report: Fourth National Climate Assessment*, Vol. 1. D. J. Wuebbles, D. W. Fahey, K. A. Hibbard, D. J. Dokken, B. C. Stewart, and T. K. Maycock, eds. Washington, DC: USGCRP.

109. World Health Organization. 2018. Ambient (Outdoor) Air Quality and Health. Fact Sheet.

110. Williams, J. H., B. Haley, F. Kahrl, J. Moore, A. D. Jones, M. S. Torn, and H. McJeon. 2014. *Pathways to Deep Decarbonization in the United States*. [Revision with technical supplement. Nov 16, 2015].

111. Federal Ministry for Economic Affairs and Energy. 2016. Green Paper on Energy Efficiency. Berlin, Germany.

112. National Academies of Sciences, Engineering, and Medicine. 2010. *Real Prospects for Energy Efficiency in the United States*.

Washington, DC: The National Academies Press.

113. U.S. Energy Information Administration. 2018. Electricity Explained: Electricity in the United States, Generation, Capacity, and Sales. Environmental Engineering for the 21st Century: Addressing Grand Challenges

114. National Renewable Energy Laboratory. 2012. *Renewable Electricity Futures Study: Exploration of High-Penetration Renewable Electricity Futures*, Vol. 1. NREL/TP-6A20-52409. Golden, CO: NREL.

115. Cole, T. M., P. Donohoo-Vallett, J. Richards, and P. Das. 2017. *Standard Scenarios Report: A U.S. Electricity Sector Outlook.* NREL/TP-6A20-68548. Golden, CO: National Renewable Energy Laboratory.

116. International Panel on Climate Change. 2018. *Global warming of 1.5° C. An IPCC special report on the impacts of global warming of 1.5° C above pre-industrial levels and related global greenhouse gas emission pathways, in the context of strengthening the global response to the threat of climate change, sustainable development, and efforts to eradicate poverty.* V., Masson-Delmotte, P. Zhai, H. O. Pötner, D. Roberts, J. Skea, P.R. Shukla, A. Pirani, Y. Chen, S. Connors, M. Gomis, E. Lonnoy, J. B. R. Matthews, W. Moufouma-Okia, C. Péan, R. Pidcock, N. Reay, M. Tignor, T. Waterfield, and X. Zhou (eds.)]. In Press.

117. International Energy Agency. 2017. *World Energy Outlook 2017.*

118. Rueter, G., and M. Kuebler. 2017. China leading the way in solar

energy expansion as renewables surge. *Deutsche Welle*, July 6.

119. U.S. Department of Energy. Advanced Reacter Technologies https:// www. energy. gov / ne / nuclear−reactor−technologies/ advanced−reactor−technologies.

120. U.S. Energy Information Administration. 2018. *Use of Energy In the United States Explained: Energy Use for Transportation.* Available at https://www. eia. gov / energyexplained/? page=us_ energy_transportation.

121. Zev Alliance. 2017. The rise of electric vehicles: The second million. Blog, Jan. 31. Available at http://www. zevalliance. org/ second−million−electric−vehicles.

122. Lutsey, N., M. Grant, S. Wappelhorst, and H. Zhou. Power Play: How Governments Are Spurring the Electric Vehicle Industry. White Paper. Washington, DC: International Council on Clean Transportation.

123. Mucio, D. 2017. These countries are banning gas−powered vehicles by 2040. *Business Insider*, Oct. 23. Available at https:// www. businessinsider.com/countries−banning−gas−cars−2017−10.

124. National Research Council. 2011. *Climate Stabilization Targets: Emissions, Concentrations, and Impacts over Decades to Millennia.* Washington, DC: The National Academies Press.

125. National Academies of Sciences, Engineering, and Medicine. 2018. *Negative Emissions Technologies and Reliable Sequestration: A Research Agenda.* Washington, DC: The National Academies Press.

126. National Academies of Sciences, Engineering, and Medicine. 2018.

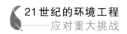
Science Breakthroughs to Advance Food and Agricultural Research by 2030. Washington, DC: The National Academies Press.

127. National Academies of Sciences, Engineering, and Medicine. 2018. *Negative Emissions Technologies and Reliable Sequestration: A Research Agenda.* Washington, DC: The National Academies Press.

128. Griscom, B. W., J. Adams, P. W. Ellis, R. A. Houghton, G. Lomax, D. A. Miteva, W. H. Schlesinger, D. Shoch, J. V. Siikamäi, P. Smith, P. Woodbury, C. Zganjar, A. Blackman, J. Campari, R. T. Conant, C. Delgado, P. Elias, T. Gopalakrishna, M. R. Hamsik, M. Herrero, J. Kiesecker, E. Landis, L. Laestadius, S. M. Leavitt, S. Minnemeyer, S. Polasky, P. Potapov, F. E. Putz, J. Sanderman, M. Silvius, E. Wollenberg, and J. Fargione. 2017. Natural climate solutions. *Proceedings of the National Academy of Sciences* 114(44): 11645–11650.

129. National Academies of Sciences, Engineering, and Medicine. 2018. Negative Emissions Technologies and Reliable Sequestration: A Research Agenda. Washington, DC: The National Academies Press.

130. Hunter, M. C., R. G. Smith, M. E. Schipanski, L.W. Atwood, and D.A. Mortensen. 2017. Agriculture in 2050: Recalibrating targets for sustainable intensification. *Bioscience* 67(4): 386–391.

131. National Research Council. 2015. *Climate Intervention: Reflecting Sunlight to Cool Earth.* Washington, DC: The National Academies Press.

132. U. S. Environmental Protection Agency. 2016. Greenhouse Gas Emissions: Overview of Greenhouse Gases.

133. U. S. Environmental Protection Agency. 2016. Global Methane Initiative: Importance of Methane.

134. National Academies of Sciences, Engineering, and Medicine. 2018. *Improving Characterization of Anthropogenic Methane Emissions in the United States*. Washington, DC: The National Academies Press.

135. Horowitz, J., and J. Gottlieb. 2010. The Role of Agriculture in Reducing Greenhouse Gas Emissions. Economic Brief No. 15. Washington, DC: U. S. Department of Agriculture Economic Research Service.

136. U.S. Global Change Research Program. 2017. *Climate Science Special Report: Fourth National Climate Assessment*, Vol. 1. D. J. Wuebbles, D. W. Fahey, K. A. Hibbard, D. J. Dokken, B. C. Stewart, and T. K. Maycock, eds. Washington, DC: USGCRP.

137. National Research Council. 2012. *Climate Change: Evidence, Impacts, and Choices*. Washington, DC: The National Academies Press.

138. Bates, B., Z. W. Kundzewicz, S. Wu, and J. Palutikof. 2008. Climate Change and Water. IPCC Technical Paper VI. Geneva: Intergovernmental Panel on Climate Change Secretariat.

139. National Academies of Sciences, Engineering, and Medicine. 2016. *Attribution of Extreme Weather Events in the Context of Climate Change*. Washington, DC: The National Academies Press.

140. Geophysical Fluid Dynamics Laboratory. 2018. Global Warming and Hurricanes: An Overview of Current Research Results. Princeton University Forrestal Campus.

141. Baltes, N.J., J. Gil-Humanes, and D.F. Voytas. 2017. Chapter One-

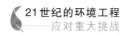

Genome Engineering and Agriculture: Opportunities and Challenges. *Progress in Molecular Biology and Translational Science* 149: 1-26.

142. Phelan, P. E., K. Kaloush, M. Miner, J. Golden, B. Phelan, H. Silval ll, and R. A. Taylor. 2015. Urban heat island: Mechanisms, implications, and possible remedies. *Annual Review of Environment and Resources* 40: 285-307.

143. Lempert, R. J., D. G., Groves, S. W., Popper, and S. C. Bankes. 2006. A General, Analytic Method for Generating Robust Strategies and Narrative Scenarios. *Management Science* 52(4): 514-528; Haasnoot, M., J. H. Kwakkel, W. E. Walker, and J. ter Maat. 2013. Dynamic adaptive policy pathways: A method for crafting robust decisions for a deeply uncertain world. *Global Environmental Change* 23(2): 485-498.

144. Westerling, A. L., B. P. Bryant, H. K. Preisler, T. P. Holmes, H. G. Hidalgo, T. Das, and S. R. Shrestha. 2011. Climate change and growth scenarios for California wildfire. *Climatic Change* 109(Supp. 1): 445-463; Barbero, R., J. T. Abatzoglou, N. K. Larkin, C. A. Kolden, and B. Stocks. 2015. Climate change presents increased potential for very large fires in the contiguous United States. *International Journal of Wildland Fire* 24(7): 892-899.

145. Smith, A., C. A. Kolden, T. B. Paveglio, M. A. Cochrane, D. M. Bowman, M. A. Moritz, A. D. Kliskey, L. Alessa, A. T. Hudak, C. M. Hoffman, J. A. Lutz, L. P. Queen, S. J. Goetz, P. E. Higuera, L. Boschetti, M. Flannigan, K. M. Yedinak, A. C. Watts, E. K. Strand,

J. W. Van Wagtendonk, J. W. Anderson, B. J. Stocks, and J. T. Abatzoglou. 2016. The science of firescapes: Achieving fire-resilient communities. *BioScience* 66(2): 130–146.

146. National Research Council. 2012. *Disaster Resilience: A National Imperative*. Washington, DC: The National Academies Press.

147. Field, C. B., V. R. Barros, K. J. Mach, M. D. Mastrandrea, M. van Aalst, W. N. Adger, D. J. Arent, J. Barnett, R. Betts, T. E. Bilir, J. Birkmann, J. Carmin, D. D. Chadee, A. J. Challinor, Environmental Engineering for the 21st Century: Addressing Grand Challenges M. Chatterjee, W. Cramer, D. J. Davidson, Y. O. Estrada, J.-P. Gattuso, Y. Hijioka, O. Hoegh-Guldberg, H. Q. Huang, G. E. Insarov, R. N. Jones, R. S. Kovats, P. Romero-Lankao, J. N. Larsen, I .J. Losada, J. A. Marengo, R. F. McLean, L. O. Mearns, R. Mechler, J. F. Morton, I. Niang, T. Oki, J. M. Olwoch, M. Opondo, E. S. Poloczanska, H.-O. Pötner, M. H. Redsteer, A. Reisinger, A. Revi, D. N. Schmidt, M. R. Shaw, W. Solecki, D. A. Stone, J. M. R. Stone, K. M. Strzepek, A. G. Suarez, P. Tschakert, R. Valentini, S. Vicuñ, A. Villamizar, K. E. Vincent, R. Warren, L. L. White, T. J. Wilbanks, P. P. Wong, and G. W. Yohe. 2014. Technical summary. Pp. 35–94 in *Climate Change 2014: Impacts, Adaptation, and Vulnerability. Part A: Global and Sectoral Aspects. Contribution of Working Group II to the IPCC Fifth Assessment Report*. C. B. Field, V. R. Barros, D. J. Dokken, K. J. Mach, M. D. Mastrandrea, T. E. Bilir, M. Chatterjee, K. L. Ebi, Y. O. Estrada, R. C. Genova, B. Girma, E. S. Kissel, A. N. Levy, S. MacCracken, P. R. Mastrandrea,

and L. L. White, eds. Cambridge, UK, and New York: Cambridge University Press.

148. Shiferaw, B., M. Smale, H. Braun, E. Duveiller, M. Reynolds, and G. Muricho. 2013. Crops that feed the world 10. Past successes and future challenges to the role played by wheat in global food security. *Food Security* 5(3): 291–317.

149. Howden, S. M., J. F. Soussana, F. N. Tubiello, N. Chhetri, M. Dunlop, and H. Meinke. 2007. Adapting agriculture to climate change. *Proceedings of the National Academy of Sciences* 104(50): 19691–19696; Smit, B., and M. W. Skinner. 2002. Adaptation options in agriculture to climate change: A typology. *Mitigation and Adaptation Strategies for Global Change* 7:85–114.

150. Field, C.B.,V.R. Barros, K.J. Mach, M.D. Mastrandrea, M. van Aalst, W.N.Adger, D.J.Arent, J. Barnett, R. Betts,T.E. Bilir, J. Birkmann, J. Carmin, D.D. Chadee,A.J. Challinor, M. Chatterjee,W. Cramer, Davidson, Y. O. Estrada, J. P. Gattuso, Y. Hijioka, O. Hoegh–Guldberg, H.Q. Huang, G.E. Insarov, R.N. Jones, R.S. Kovats, Romero Lankao, J.N. Larsen, I.J. Losada, J.A. Marengo, R.F. McLean, L.O. Mearns, R. Mechler, J.F. Morton, I. Niang,T. Oki, J. M. Olwoch, M. Opondo, E.S. Poloczanska, H.O. Pötner, M.H. Redsteer, A. Reisinger, A. Revi, D.N. Schmidt, M.R. Shaw,W. Solecki, D.A. Stone, J.M.R. Stone, K.M. Strzepek,A.G. Suarez, P. Tschakert, R. Valentini, S. Vicuñ,A. Villamizar, K.E. Vincent, R. Warren, L.L. White, T.J. Wilbanks, P.P. Wong, and G.W.Yohe. 2014. Technical Summary. *Climate Change 2014: Impacts,*

Adaptation, and Vulnerability. Part A: Global and Sectoral Aspects. Contribution of Working Group II to the Fifth Assessment Report of the Intergovernmental Panel on Climate Change [Field, C.B., Barros, D.J. Dokken, K.J. Mach, M.D. Mastrandrea,T.E. Bilir, Chatterjee, K.L. Ebi,Y.O. Estrada, R.C. Genova, B. Girma, E.S. Kissel,A.N. Levy, S. MacCracken, P.R. Mastrandrea, and L.L. White (eds.)]. Cambridge University Press, Cambridge, United Kingdom and New York, NY, USA, pp. 35-94.

151. U.S. Global Change Research Program. 2017. *Climate Science Special Report: Fourth National Climate Assessment*, Vol. 1. D. J. Wuebbles, D. W. Fahey, K. A. Hibbard, D. J. Dokken, B. C. Stewart, and T. K. Maycock, eds. Washington, DC: USGCRP. doi: 10.7930/J0J964J6.

152. Milman, O. 2017. Atlantic City and Miami Beach: Two takes on tackling the rising waters. *The Guardian*, Mar. 20.

153. Katz, C. 2013. To Control Floods, The Dutch Turn to Nature for Inspiration. *Yale Environment 360*.

154. Coastal Protection and Restoration Authority of Louisiana. 2017. Louisiana's Comprehensive Master Plan for a Sustainable Coast. Coastal Protection and Restoration Authority of Louisiana. Baton Rouge, LA.

155. Watts, N., M. Amann, S. Ayeb-Karlsson, K. Belesova, T. Bouley, M. Boykoff, P. Byass, W. Cai, D. Campbell-Lendrum, J. Chambers, and P. M. Cox. 2017. The Lancet countdown on health and climate change: From 25 years of inaction to a global transformation for public health. *The Lancet* 391(10120): 581-630.

156. Haines, A. 2008. Climate change, extreme events, and human health. Pp. 57–74 in *Global Climate Change and Extreme Weather Events: Understanding the Contributions to Infectious Disease Emergence.* Washington, DC: The National Academies Press.

157. Zorrilla, C. D. 2017. The view from Puerto Rico—Hurricane Maria and its aftermath. *New England Journal of Medicine* 377(19): 1801–1803.

158. National Research Council. 2009. *Informing Decisions in a Changing Climate.* Washington, DC: The National Academies Press; Dittrich, R., A. Wreford, and D. Moran. 2016. A survey of decision-making approaches for climate change adaptation: Are robust methods the way forward? *Ecological Economics* 122: 79–89; Walker, W. E., M. Haasnoot, and J. H. Kwakkel. 2013. Adapt or perish: A review of planning approaches for adaptation under deep uncertainty. *Sustainability* 5(3): 955–979.

159. Matthews, E., C. Amann, S. Bringezu, W. Hüttler, C. Ottke, E. Rodenburg, D. Rogich, H. Schandl, E. Van, D. Voet, and H. Weisz. 2000. *The Weight of Nations: Material Outflows from Industrial Economies.* Washington, DC: World Resources Institute.

160. U.S. Environmental Protection Agency. 2018. National Overview: Facts and Figures on Materials, Wastes and Recycling. Trends— 1960 to Today.

161. Ellen MacArthur Foundation. 2013. *Towards the Circular Economy: Economic and Business Rationale for an Accelerated Transition,* Vol. 1.

162. Hoornweg, D., and P. Bhada-Tata. 2012. *What a Waste: A Global Review of Solid Waste Management.* Washington, DC: World Bank.

163. Hoornweg, D., P. Bhada-Tata, and C. Kennedy. 2013. Environment: Waste production must peak this century. *Nature* 503: 615.

164. Kharas, H. 2017. The Unprecedented Expansion of the Global Middle Class: An Update. Global Economy and Development at Brookings. Working Paper 100. Brookings Institution.

165. National Research Council. 2005. *Contaminants in the Subsurface: Source Zone Assessment and Remediation.* Washington, DC: The National Academies Press.

166. National Research Council. 2005. *Contaminants in the Subsurface: Source Zone Assessment and Remediation.* Washington, DC: The National Academies Press.

167. National Research Council. 2013. *Alternatives for Managing the Nation's Complex Contaminated Groundwater Sites.* Washington, DC: The National Academies Press.

168. Health Effects Institute. 2015. The Advanced Collaborate Emissions Study (ACES). Executive Summary. Boston: HEI.; Khalek, I. A., T. L. Bougher, P. M. Merritt, and B. Zielinska. 2011. Regulated and unregulated emissions from highway heavy-duty diesel engines complying with U. S. Environmental Protection Agency 2007 emissions standards. *Journal of the Air and Waste Management Association* 61(4): 427-442.

169. World Water Assessment Programme. 2009. *The United Nations World Water Development Report 3: Water in a Changing World.* Paris:

UNESCO, and London: Earthscan, Table 8.1, p. 137.

170. International Food Policy Research Institute and VEOLIA. 2015. The Murky Future of Global Water Quality: New Global Study Projects Rapid Deterioration in Water Quality. White Paper. Washington, DC: IFPRI and Chicago: VEOLIA Water North America; World Health Organization. 2016. Air Pollution Levels Rising in Many of the World's Poorest Cities. News Release.

171. Walsh, J., D. Wuebbles, K. Hayhoe, J. Kossin, K. Kunkel, G. Stephens, P. Thorne, R. Vose, M. Wehner, J. Willis, D. Anderson, S. Doney, R. Feely, P. Hennon, V. Kharin, T. Knutson, F. Landerer, T. Lenton, J. Kennedy, and R. Somerville, Environmental Engineering for the 21st Century: Addressing Grand Challenges 2014: Our changing climate. Pp. 19–67 in *Climate Change Impacts in the United States: The Third National Climate Assessment,* J. M. Melillo, T. C. Richmond, and G. W. Yohe, eds., U.S. Global Change Research Program. doi:10.7930/ J0KW5CXT.

172. Lindstrom, A. B., M. J. Strynar, and E. L. Libelo. 2011. Polyfluorinated compounds: Past, present, and future. *Environmental Science & Technology* 45(19): 7954–7961.

173. Roser, M. 2018. Life Expectancy. Our World in Data. Available at https://ourworldindata.org/life-expectancy.

174. GBD 2016 Risk Factors Collaborators. 2017. Global, regional, and national comparative risk assessment of 84 behavioural, environmental and occupational, and metabolic risks or cluster of risks, 1990–2016: A systematic analysis for the Global Burden of

Disease Study 2016. *The Lancet* 390(10100): 1345-1422.

175. GBD 2016 Risk Factors Collaborators. 2017. Global, regional, and national comparative risk assessment of 84 behavioural, environmental and occupational, and metabolic risks or cluster of risks, 1990-2016: A systematic analysis for the Global Burden of Disease Study 2016. *The Lancet* 390(10100): 1345-1422.

176. Health Effects Institute. 2018. State of Global Air. Available at: www.stateofglobalair.org.

177. Landrigan, P. J., R. Fuller, N. J. Acosta, O. Adeyi, R. Arnold, A. B. Baldé, R. Bertollini, S. Bose-O'Reilly, J. I. Boufford, P. N. Breysse, T. Chiles, C. Mahidol, A. M. Coll-Seck, M. L. Cropper, J. Fobil, V. Fuster, M. Greenstone, and M. Zhong. 2017. *The Lancet* Commission on pollution and health. *The Lancet* 391(10119): 462-512.

178. Cunningham, V. L., M. Buzby, T. Hutchinson, F. Mastrocco, N. Parke, and N. Roden. 2006. Effects of human pharmaceuticals on aquatic life: Next steps. *Environmental Science & Technology* 40(11):3456-3462; Iwanowicz, L. R., V. S. Blazer, A. E. Pinkney, C. P. Guy, A. M. Major, K. Munney, S. Mierzykowski, S. Lingenfelser, A. Secord, K. Patnode, T. J. Kubiak, C. Stern, C. M. Hahn, D. D. Iwanowicz, H. L. Walsh, and A. Sperry. 2016. Evidence of estrogenic endocrine disruption in smallmouth and largemouth bass inhabiting Northeast U. S. national wildlife refuge waters: A reconnaissance study. *Ecotoxicology and Environmental Safety* 124: 50-59.

179. Jambeck, J. R., R. Geyer, C. Wilcox, T. R. Siegler, M. Perryman, A. Andrady, R. Narayan, and K. L. Law. 2015. Plastic waste inputs

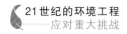
from land into the ocean. *Science* 347(6223): 768–771.

180. Tosetto, L., C. Brown, and J. E. Williamson. 2016. Microplastics on beaches: Ingestion and behavioural consequences for beachhoppers. *Marine Biology* 163(10): 199; Nelms, S. E., T. S., Galloway, B. J. Godley, D. S. Jarvis, and P. K. Lindeque. 2018. Investigating microplastic trophic transfer in marine top predators. *Environmental Pollution* 238: 999–1007; World Economic Forum. 2016. *The New Plastics Economy: Rethinking the Future of Plastics*. Geneva, Switzerland.

181. Anderson, D. M., P. M. Glibert, and J. M. Burkholder. 2002. Harmful algal blooms and eutrophication: Nutrient sources, composition, and consequences. *Estuaries* 25(4): 704–726.

182. Michalak, A. M. 2016. Study role of climate change in extreme threats to water quality. *Nature* 535(7612): 349–352.

183. Mueller, R., and V. Yingling. 2017. History and Use of Per– and Polyfluoroalkyl Substances (PFAS). Fact Sheet. Interstate Technology Regulatory Council. November.

184. Mueller, R., and V. Yingling. 2018. Environmental Fate and Transport for Per– and Polyfluoroalkyl Substances. Fact Sheet. Interstate Technology Regulatory Council. March.

185. National Ground Water Association. 2018. PFAS: Top 10 Facts. Available at https://www.ngwa.org/docs/default–source/default–document–library/pfas/pfastop–10.pdf?sfvrsn=8c8ef98b_2.

186. Agency for Toxic Substances and Disease Registry. 2018. Toxicological Profile for Perfluoroalkyls: Draft for Public Comment, June.

Available at https://www.atsdr.cdc.gov/ toxprofiles/tp200.pdf.

187. China Council for International Cooperation on Environment and Development. 2014. Special Policy Study on Soil Pollution Management. Available at http://environmental-partnership. org/wp-content/uploads/2016/01/SPS-on-Soil-Pollution-Management.pdf.

188. Hu, Y., X. Liu, J. Bai, K. Shih, E. Y. Zeng, and H. Cheng. 2013. Assessing heavy metal pollution in the surface soils of a region that had undergone three decades of intense industrialization and urbanization. *Environmental Science and Pollution Research* 20(9): 6150-6159.

189. Hu, Y., H. Cheng, and S. Tao. 2016. The challenges and solutions for cadmium-contaminated rice in China: A critical review. *Environment International* 92‒93: 515-532.

190. Coulon, F. K. Jones, H. Li, Q. Hu, J. Gao, F. Li, M. Chen, Y.-G. Zhu, R. Liu, M. Liu, K. Canning, N. Harries, P. Bardos, P. Nathanail, R. Sweeney, D. Middleton, M. Charnley, J. Randall, M. Richell, T. Howard, I. Martin, S. Spooner, J. Weeks, M. Cave, F. Yu, F. Zhang, Y. Jiang, P. Longhurst, G. Prpich, R. Bewley, J. Abra, and S. Pollard. 2016. China's soil and groundwater management challenges: Lessons from the UK's experience and opportunities for China. *Environment International*, 91: 196-200.

191. Song, Y., D. Hou, J. Zhang, D. O'Connor, G. Li, Q. Gu, S. Li, and P. Liu. 2018. Environmental and socio-economic sustainability appraisal of contaminated land remediation strategies: A case study at a mega-site in China. *Science of The Total Environment* 610-611:

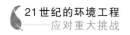

391-401.

192. U.S. Environmental Protection Agency. 2000. Tetrachloroethylene (Perchloroethylene). Available at: https://www. epa. gov / sites/ production/files/2016-09/documents/tetrachloroethylene.pdf.

193. http://zwia.org/.

194. U.S. Environmental Protection Agency. 1999. *Achieving Clean Air and Clean Water: Report of the Blue Ribbon Panel on Oxygenates in Gasoline.* EPA420-R-99-021.

195. Landrigan, P. J., R. Fuller, N. J. R. Acosta, O. Adeyi, R. Arnold, N. Basu, A. B. Baldé, R. Bertollini, S. Bose-O'Reilly, J. I. Boufford, P. N. Breysse, T. Chiles, C. Mahidol, A. M. Coll-Seck, M. L. Cropper, J. Fobil, V. Fuster, M. Greenstone, A. Haines, D. Hanrahan, D. Hunter, M. Khare, A. Krupnick, B. Lanphear, B. Lohani, K. Martin, K. V. Mathiasen, M. A. McTeer, C. J. L. Murray, J. D. Ndahimananjara, F. Perera, J. Poto ˇ cnik, A. S. Preker, J. Ramesh, J. Rockströ, C. Salinas, L. D. Samson, K. Sandilya, P. D. Sly, K. R. Smith, A. Steiner, R. B. Stewart, W. A. Suk, O. C. P. van Schayck, G. N. Yadama, K. Yumkella, and M. Zhong. 2018. The *Lancet* Commission on Pollution and Health. *The Lancet* 391 (10119): 462-512.

196. Zeng, X., J. A. Mathews, and J. Li. 2018. Urban mining of e-waste is becoming more cost-effective than virgin mining. *Environmental Science & Technology* 52(8): 4835-4841; Nguyen, R. T., L. A. Diaz, D. D. Imholte, and T. E. Lister. 2017. Economic assessment for recycling critical metals from hard disk drives using a

comprehensive recovery process. *JOM* 69(9): 1546–1552.

197. National Academies of Sciences, Engineering, and Medicine. 2018. *Gaseous Carbon Waste Streams Utilization: Status and Research Needs*. Washington, DC: The National Academies Press.

198. Deublein, D., and A. Steinhauser, eds. 2011. *Biogas from Waste and Renewable Resources: An Introduction*. Weinheim, Germany: Wiley VCH Verlag.

199. McCarty, P. L., J. Bae, and J. Kim. 2011. Domestic wastewater treatment as a net energy producer—Can this be achieved? *Environmental Science & Technology* 45(17): 7100–7106.

200. Water Environment Research Foundation. 2012. *Barriers to Biogas Use for Renewable Energy*. Report OWSO 11C10. Alexandria, VA: WERF. Environmental Engineering for the 21st Century: Addressing Grand Challenges

201. Smith, A. L., L. B. Stadler, L. Cao, N. G. Love, L. Raskin, and S. J. Skerlos. 2014. Navigating wastewater energy recovery strategies: A life cycle comparison of anaerobic membrane bioreactor and conventional treatment systems with anaerobic digestion. *Environmental Science & Technology* 48(10): 5972–5981.

202. Steffen, W., K. Richardson, J. Rockströ, S. E. Cornell, I. Fetzer, E. M. Bennett, R. Biggs, S. R. Carpenter, W. De Vries, C. A. De Wit, C. Folke, D. Gerten, J. Heinke, G. M. Mace, L. M. Persson, V. Ramanathan, B. Reyers, and S. Sölin. 2015. Planetary boundaries: Guiding human development on a changing planet. *Science* 347 (6223): 1259855.

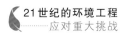

203. Jasinski, S. M. 2017. Phosphate rock. Mineral Commodity Summaries. U.S. Geological Survey.

204. Mihelcic, J. R., L. M. Fry, and R. Shaw. 2011. Global potential of phosphorus recovery from human urine and feces. *Chemosphere* 84 (6): 832–839.

205. Larsen, T. A., A. C. Alder, R. I. L. Eggen, M. Maurer, and J. Lienert. 2009. Source separation: Will we see a paradigm shift in wastewater handling? *Environmental Science & Technology* 43(16): 6121–6125.

206. International Fertilizer Industry Association. 2009. *Energy Efficiency and CO$_2$ Emissions in Ammonia Production: 2008–2009 Summary Report*. Paris: IFIA.

207. National Academy of Engineering. 1997. *The Industrial Green Game: Implications for Environmental Design and Management*. Washington, DC: The National Academy Press.

208. U.S. Environmental Protection Agency. 2016. Advancing Sustainable Materials Management: 2014. Fact Sheet.

209. Organisation for Economic Co-operation and Development. 2015. *Environment at a Glance 2015: OECD Indicators*. Paris: OECD Publishing.

210. Baldé, C. P., V. Forti, V. Gray, R. Kuehr, and P. Stegmann. 2017. *The Global E-waste Monitor 2017: Quantities, Flows, and Resources*. Bonn, Geneva, and Vienna. United Nations University, International Telecommunication Union, and International Solid Waste Association.

211. U.S. Environmental Protection Agency. 2004. Evaluation Report:

Multiple Actions Taken to Address Electronic Waste, but EPA Needs to Provide Clear National Direction. Office of the Inspector General, Report No. 2004-P-00028.

212. Hansen, T. L., J. la Cour Jansen, Å Davidsson, and T. H. Christensen. 2007. Effects of pre-treatment technologies on quantity and quality of source-sorted municipal organic waste for biogas recovery. *Waste Management* 27(3): 398–405.

213. Lewis, J. J., and S. K. Pattanayak. 2012. Who adopts improved fuels and cookstoves? A systematic review. *Environmental Health Perspectives* 120(5): 637–645.

214. World Bank Group. 2017. Populations Estimates and Projections. Available at https://data.worldbank.org/data-catalog/population-projection-tables.

215. UN Habitat. 2016. *Urbanization and Development: Emerging Futures.* World Cities Report 2016. Nairobi, Kenya: United Nations Human Settlements Programme.

216. UN Habitat. 2016. *Urbanization and Development: Emerging Futures.* World Cities Report 2016. Nairobi, Kenya: United Nations Human Settlements Programme.

217. United Nations Environment Programme. 2012. Global Initiative for Resource Efficient Cities: Engine to Sustainability; UN Habitat. 2016. *Urbanization and Development: Emerging Futures.* World Cities Report 2016. Nairobi, Kenya: United Nations Human Settlements Programme.

218. Editorial. 2016. A missed opportunity for urban health. *The Lancet* 388

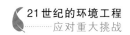

(10056): 2057. doi:10.1016/S0140-6736(16) 32056-6; Editorial. 2017. Health in slums: Understanding the unseen. *The Lancet* 389 (10068): 478-479. doi:10.1016/S0140-6736(17)30266-0.

219. Ezeh, A., O. Oyebade, D. Satterthwaite, Y. F. Chen, R. Ndugwa, J. Sartori, B. Mberu, G. J. Melendez-Torres, T. Haregu, S. I. Watson, and W. Caiaffa. 2017. The history, geography, and sociology of slums and the health problems of people who live in slums. *The Lancet* 389(10068): 547-558; Landrigan, P. J., R. Fuller, N. J. Acosta, O. Adeyi, R. Arnold, A. B. Baldé, R. Bertollini, S. Bose-O'Reilly, J. I. Boufford, P. N. Breysse, and T. Chiles, C. Mahidol, A. M. Coll-Seck, M. L. Cropper, J. Fobil, V. Fuster, M. Greenstone, A. Haines, D. Hanrahan, D. Hunter, M. Khare, A. Krupnick, B. Lanphear, B. Lohani, K. Martin, K. V. Mathiasen, M. A. McTeer, C. J. L. Murray, J. D. Ndahimananjara, F. Perera, J. Potoˇcnik, A. S. Preker, J. Ramesh, J. Rockströ, C. Salinas, L. D. Samson, K. Sandilya, P. D. Sly, K. R. Smith, A. Steiner, R. B. Stewart, W. A. Suk, O. C. P. van Schayck, G. N. Yadama, K. Yumkella, and M. Zhong. 2018. The *Lancet* Commission on Pollution and Health. *The Lancet* 391(10119): 462-512.

220. Morse, S. S., J. A. K. Mazet, M. Woolhouse, C. R. Parrish, D. Carroll, W. B. Karesh, C. Zimbrana-Torrelio, W. I. Lipkin, and P. Daszak. 2012. Prediction and prevention of the next zoonosis. *The Lancet* 380 (9857):1956-1965.

221. Revi, A., D. E. Satterthwaite, F. Aragón-Durand, J. Corfee-Morlot, R. B. R. Kiunsi, M. Pelling, D. C. Roberts, and W. Soleck. 2014.

Urban areas. Pp. 535-612 in *Climate Change 2014: Impacts, Adaptation, and Vulnerability. Part A: Global and Sectoral Aspects. Contribution of Working Group II to the IPCC Fifth Assessment Report.* C. B. Field, V. R. Barros, D. J. Dokken, K. J. Mach, M. D. Mastrandrea, T. E. Bilir, M. Chatterjee, K. L. Ebi, Y. O. Estrada, R. C. Genova, B. Girma, E. S. Kissel, A. N. Levy, S. MacCracken, P. R. Mastrandrea, and L. L. White, eds. Cambridge, UK, and New York: Cambridge University Press.

222. American Society of Civil Engineers; Engineers. 2017. *2017 Infrastructure Report Card: A Comprehensive Assessment of American's Infrastructure.*

223. Organisation for Economic Co-operation and Development. 2007. *Infrastructure to 2030, Vol.2: Mapping Policy for Electricity, Water and Transport.* Paris: OECD Publishing.

224. National Academies of Sciences, Engineering, and Medicine. 2016. *Pathways to Urban Sustainability: Challenges and Opportunities for the United States.* Washington, DC: The National Academies Press; Ramaswami, A., A. Russell, P. Culligan, K. Sharma, and E. Kumar. 2016. Meta-principles for developing smart, sustainable, and healthy cities. *Science* 352(6288): 940-943.

225. Jeong, H., O. A. Broesicke, B. Drew, D. Li, and J. C. Crittenden. 2016. Life cycle assessment of low impact development technologies combined with conventional centralized water systems for the City of Atlanta, Georgia. *Environmental Science and Engineering* 10(6): 1-13.

226. New York State Department of Environmental Conservation. New York City Water Supply. Available at: www.dec.ny.gov/ lands/25599.html.

227. Zanella, A., N. Bui, A. Castellani, L. Vangelista, and M. Zorzi. 2014. Internet of Things for smart cities. *IEEE Internet of Things Journal* 1(1): 22–32.

228. Debnath, A. K., H. C. Chin, M. M. Haque, and B. Yuen. 2014. A methodological framework for benchmarking smart transport cities. *Cities* 37: 47–56.

229. Ramaprasad, A., A. Sánchez-Ortiz, and T. Syn. 2017. A unified definition of a smart city. Pp. 13–24 in *Electronic Government*. M. Janssen, K. Axelsson, O. Glassey, B. Klievink, R. Krimmer, I. Lindgren, P. Parycek, H. J. Scholl, and D. Trutnev, eds. Springer, Cham.

230. World Economic Forum. 2018. *Harnessing Artificial Intelligence for the Earth*.

231. Palca, J. 2018. Betting on artificial intelligence to guide earthquake response. NPR, April 20. Available at: https://www. npr. org/ Environmental Engineering for the 21st Century: Addressing Grand Challenges 2018 / 04 / 20 / 595564470 / betting-on-artificial-intelligence-to-guide-earthquake-response.

232. Laursen, L. 2014. Barcelona's smart city ecosystem. *MIT Technology Review*, Nov. 18.

233. Amsterdam Smart City. Smartphone app for citizens to manage street lighting. Available at: https://amsterdamsmartcity.com/ products/ amsterdam-offers-smartphone-app-for-cityzens-to-manage-

street-lighting.

234. Korkali, M., J. G. Veneman, B. F. Tivnan, J. P. Bagrow, and P. D. Hines. 2017. Reducing cascading failure risk by increasing infrastructure network interdependence. *Scientific Reports* 7(44499).

235. Examples are Ecube Lab' (https://www. ecubelabs. com/ solution); Bigbelly (http://bigbelly. com); and IBM. 2015. IBM Intelligent Waste Management Platform. White Paper. Available at: https:// www-01. ibm. com / common / ssi / cgi-bin/ ssialias? htmlfid= GVW03059USEN.

236. World Bank. 2015. How an open traffic platform is helping Asian cities mitigate congestion, pollution. News.

237. CrimeRadar. Frequently Asked Questions. Available at: https:// rio. crimeradar.org/faq.

238. Sidewalk Labs. 2017. Vision Sections of RFP Submission. RFP No. 2017-13.

239. Woyke, E. 2018. A smarter smart city. *MIT Technology Review*, Feb. 21.

240. Sidewalk Labs. 2017. Vision Sections of RFP Submission. RFP No. 2017-13.

241. World Economic Forum. 2018. *Harnessing Artificial Intelligence for the Earth.*

242. National Academies of Sciences, Engineering, and Medicine. 2016. *Building Smart Communities for the Future: Proceedings of a Workshop - in Brief.* Washington, DC: The National Academies Press.

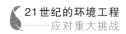
243. Klepeis, N. E., W. C. Nelson, W. R. Ott, J. P. Robinson, A. M. Tsang, P. Switzer, J. V. Behar, S. C. Hern, and W. H. Engelmann. 2001. The National Human Activity Pattern Survey (NHAPS): A resource for assessing exposure to environmental pollutants. *Journal of Exposure Science and Environmental Epidemiology* 11(3): 231–252.

244. Dai, D., A. J. Prussin II, L. C. Marr, P. J. Vikesland, M. A. Edwards, and A. Pruden. 2017. Factors shaping the human exposome in the built environment: Opportunities for engineering control. *Environmental Science & Technology* 51(14): 7759–7774.

245. Jones, K. E., N. G. Patel, M. A. Levy, A. Storeygard, D. Balk, J. L. Gittleman, and P. Daszak. 2008. Global trends in emerging infectious diseases. *Nature* 451(7181): 990–993.

246. Lerner, H., and C. Berg. 2017. A comparison of three holistic approaches to health: One Health, EcoHealth, and Planetary Health. *Frontiers in Veterinary Science* 4(163); Centers for Disease Control and Prevention. 2018. One Health Basics. Available at: https://www.cdc.gov/onehealth/basics.

247. Vikesland, P. J., A. Pruden, P. J. J. Alvarez, D. Aga, H. Burgmann, X. Li, C. M. Manaia, I. Nambi, K. Wigginton, T. Zhang, and Y. Zhu. 2017. Toward a comprehensive strategy to mitigate dissemination of environmental sources of antibiotic resistance. *Environmental Science & Technology* 51(22): 13061–13069.

248. Omira, A. 2016. Kibagare Haki Zetu Bio-Centre: A Transformation Story. Umande Trust, Aug. 8. Available at: http://umande.org/kibagare-haki-zetu-bio-centre-a-transformation-story.

249. P.L. 109-58; P.L. 111-364.

250. U.S. Environmental Protection Agency. 2017. Environmental Justice FY2017 Progress Report. 240-R1-8001.

251. Maintenance and Management Oversight Committee. Muddy River Restoration Project: Flood Control Improvement. Available at: http://www.muddyrivermmoc.org/flood-control.

252. C40 Cities. 2015. Cities100: Copenhagen—Creating a Climate Resilient Neighborhood. Available at: http://www.c40.org/case_studies/cities100-copenhagen-creating-a-climate-resilient-neighborhood.

253. Zhang, W., S. Guhathakurta, J. Fang, and G. Zhang. 2015. Exploring the impact of shared autonomous vehicles on urban parking demand: An agent-based simulation approach. *Sustainable Cities and Society* 19: 34-45.

254. UN Habitat. 2016. *Urbanization and Development: Emerging Futures.* World Cities Report 2016. Nairobi, Kenya: United Nations Human Settlements Programme.

255. Jeong, H., O. A. Broesicke, B. Drew, and J. C. Crittenden. 2018. Life cycle assessment of small-scale greywater reclamation systems combined with conventional centralized water systems for the City of Atlanta, Georgia. *Journal of Cleaner Production* 174: 333-342.

256. U. S. Environmental Protection Agency. 2015. Catalog of CHP Technologies. Available at: https://www.epa.gov/chp/catalog-chp-technologies.

257. James, J.A., V. M. Thomas, A. Pandit, D. Li, and J. C. Crittenden.

2016. Water, air emissions, and cost impacts of air-cooled microturbines for combined cooling, heating, and power systems: A case study in the Atlanta region. *Engineering* 2(4):470−480; James, J.A., S. Sung, H. Jeong, O. A. Broesicke, S. P. French, D. Li, and J. C. Crittenden. 2017. Impacts of combined cooling, heating, and power systems and rainwater harvesting on water demand, carbon dioxide and NO*x* emissions for Atlanta. *Environmental Science & Technology* 52:3−10.

258. MacKerron, G., and S. Mourato. 2013. Happiness is greater in natural environments. *Global Environmental Change* 23(5): 992−1000.

259. Guerry, A., S. Polasky, J. Lubchenco, R. Chaplin−Kramer, G. C. Daily, R. Griffin, M. H. Ruckelshaus, I. J. Bateman, A. Duraiappah, T. Elmqvist, M. W. Feldman, C. Folke, J. Hoekstra, P. Kareiva, B. Keeler, S. Li, E. McKenzie, Z. Ouyang, B. Reyers, T. Ricketts, J. Rockströ, H. Tallis, and B. Vira. 2015. Natural capital informing decisions: From promise to practice. *Proceedings of the National Academy of Sciences* 112: 7348−7355.

260. Lemos, M. C., C. J. Kirchhoff, and V. Ramprasad. 2012. Narrowing the climate information usability gap. *Nature Climate Change* 2(11): 789−794.

261. Rizwan, A. M, D. Y. C. Leung, and C. Liu. 2008. A review on the generation, determination and mitigation of urban heat island. *Journal of Environmental Sciences* 20: 120−128; Phelan, P. E., K. Kaloush, M. Miner, J. Golden, B. Phelan, H. Silva III, and R. A. Taylor. 2015. Urban heat island: Mechanisms, implications, and

possible remedies. *Annual Review of Environment and Resources* 40: 285-307.

262. Carpenter, S. R., N. F. Caraco, D. L. Correll, R. W. Howarth, A. N. Sharpley, and V. H. Smith. 1998. Nonpoint pollution of surface waters with phosphorus and nitrogen. *Ecological Applications* 8(3): 559-568.

263. Hill, J., S. Polasky, E. Nelson, D. Tilman, H. Huo, L. Ludwig, J. Neumann, H. Zheng, and D. Bonta. 2009. Climate change and health costs of air emissions from biofuels and gasoline. *Proceedings of the National Academy of Sciences* 106(6): 2077-2082.

264. National Research Council. 2005. *Valuing Ecosystem Services: Toward Better Environmental Decision-Making.* Washington, DC: The National Academies Press; Millennium Ecosystem Assessment. 2005. *Ecosystems and Human Well-Being: Synthesis.* Washington, DC: Island Press; Díaz, S., U. Pascual, M. Stenseke, B. Martín-López, R. T. Watson, Z. Molnár, R. Hill, K. M. A. Chan, I. A. Baste, K. A. Brauman, S. Polasky, A. Church, M. Lonsdale, A. Larigauderie, P. W. Leadley, A. P. E. Environmental Engineering for the 21st Century: Addressing Grand Challenges van Oudenhoven, F. van der Plaat, M. Schröer, S. Lavorel, Y. Aumeeruddy-Thomas, E. Bukvareva, K. Davies, S. Demissew, G. Erpul, P. Failler, C. A. Guerra, C. L. Hewitt, H. Keune, S. Lindley, and Y. Shirayama. 2018. An inclusive approach to assess nature's contributions to people. *Science* 359: 270-272.

265. Scheffer, M., S. R. Carpenter, J. A. Foley, C. Folke, and B. Walker.

2001. Catastrophic shifts in ecosystems. *Nature* 413: 591–596; Lenton, T., H. Held, E. Kriegler, J. W. Hall, W. Lucht, S. Rahmstorf, and H. J. Schellnhuber. 2008. Tipping elements in the Earth's climate system. *Proceedings of the National Academy of Sciences* 105: 1786–1793.

266. Natural Capital Project. Available at: https://www.naturalcapital project. org.

267. Goldstein, J. G. Caldarone, T. K. Duarte, D. Ennaanay, N. Hannahs, G. Mendoza, S. Polasky, S. Wolny, and G. C. Daily. 2012. Integrating ecosystem service tradeoffs into land-use decisions. *Proceedings of the National Academy of Sciences* 109(19): 7565–7570.

268. Schenk, R., and P. White, eds. 2014. *Environmental Life Cycle Assessment: Measuring the Environmental Performance of Products.* Vashon Island, WA: American Center for Life Cycle Assessment.

269. Freeman, A. M. III, J. Herriges, and C. L. Kling. 2014. *The Measurement of Environmental and Resource Values: Theory and Methods*, 3rd Ed. New York: Resources for the Future Press.

270. Johnston, R. J., J. Rolfe, R. S. Rosenberger, and R. Brouwer, eds. 2015. *Benefit Transfer of Environmental and Resource Values: A Guide for Researchers and Practitioners.* Dordrecht, The Netherlands: Springer.

271. Elkington, J. 1997. *Cannibals with Forks: The Triple Bottom Line of 21st Century Business.* Oxford, UK: Capstone.

272. U.S. Environmental Protection Agency. 2017. Safer Choice: Design for

the Environment: Programs, Initiatives, and Projects.

273. National Research Council. 2014. *Sustainability Concepts in Decision-Making: Tools and Approaches for the U.S. Environmental Protection Agency*. Washington, DC: The National Academies Press.

274. Dilling, L., and M. C. Lemos. 2011. Creating usable science: Opportunities and constraints for climate knowledge use and their implications for science policy. *Global Environmental Change* 21(2): 680–689.

275. Bucchi, M., and B. Trench. 2008. *Handbook of Public Communication of Science and Technology*. Routledge. Available at: https://moodle. ufsc.br/pluginfile.php/1485212/mod_ resource/content/1/Handbook-of-Public-Communication-of-Science-and-Technology. pdf [accessed April 2, 2018].

276 Nisbet, M. C., and D. A. Scheufele, 2009. What's next for science communication? Promising directions and lingering distractions. *American Journal of Botany* 96(10): 1767–1778. Available at: http://www.amjbot.org/content/96/10/1767.full.

277. U.S. Census Bureau. 2015. American Community Survey Public Use Microdata Sample; Blaney, L., J. Perlinger, S. Bartelt-Hunt, R. Kandiah, and J. Ducoste. 2017. Another grand challenge: Diversity in environmental engineering. *Environmental Engineering Science* 35(6):568–572.

278. Herring, C. 2009. Does diversity pay?: Race, gender, and the business case for diversity. *American Sociological Review* 74(2): 208–224; Hunt, V., D. Layton, and S. Prince. 2014. *Diversity Matters.* London:

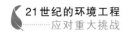
McKinsey & Co.

279. Baumol, W. J., and W. E. Oates. 1988. *The Theory of Environmental Policy*, 2nd Ed. Cambridge, UK and New York: Cambridge University Press; Sterner, T. 2003. *Policy Instruments for Environmental and Natural Resource Management*. Washington, DC: Resources for the Future.

280. Weiss, J. A., and M. Tschirhart. 1994. Public information campaigns as policy instruments. *Journal of Policy Analysis and Management* 13(1): 82–119.

281. Allcott, H. 2011. Social norms and energy conservation. *Journal of Public Economics* 95: 1082–1095; Schultz, P. W., J. M. Nolan, R. B. Cialdini, N. J. Goldstein, and V. Griskevicius. 2007. The constructive, destructive, and reconstructive power of social norms. *Psychological Science* 18: 429–434.

282. Larrick, R. P., and J. B. Soll. 2008. Economics. The MPG illusion. *Science* 320: 1593–1594.

283. Thaler, R. H., and C. R. Sunstein. 2008. *Nudge: Improving Decisions about Health, Wealth and Happiness*. New Haven, CT: Yale University Press.

284. Vandenbergh, M. P., P. C. Stern, G. T. Gardner, T. Dietz, and J. M. Gilligan. 2010. Implementing the behavioral wedge: Designing and adopting effective carbon emissions reduction programs. *Environmental Law Reporter* 40: 10547–10554.

285. Johnson E. J., and D. Goldstein. 2003. Do defaults save lives? *Science* 302(5649): 1338–1339.

286. Beshears, J., J. J. Choi, D. Laibson, and B. C. Madrian. 2009. The importance of default options for retirement saving outcomes: Evidence from the United States. Pp. 167–195 in *Social Security Policy in a Changing Environment*. Chicago: University of Chicago Press; Halpern, S. D., P. A. Ubel, and D. A. Asch. 2007. Harnessing the Power Of Default Options To Improve Health Care. *New England Journal of Medicine* 357: 1340–1344; Ebeling, F., and S. Lotz. 2015. Domestic uptake of green energy promoted by opt–out tariffs. *Nature Climate Change* 5(9): 868.

287. Thaler, R. H., and C. R. Sunstein. 2008. Nudge: Improving Decisions about Health, Wealth and Happiness. New Haven, CT: Yale University Press.

288. Waissbein, O., Y. Glemarec, H. Bayraktar, and T. S. Schmidt. 2013. *Derisking Renewable Energy Investment. A Framework to Support Policymakers in Selecting Public Instruments to Promote Renewable Energy Investment In Developing Countries*. New York: United Nations Development Programme.

289. Smith, J. 2014–2015. Sunshine: India's new cash crop. International Water Management Institute.

290. Litke, D. W. 1999. *Review of Phosphorus Control Measures in the United States and Their Effects on Water Quality*. Water–Resources Investigations Report 99–4007. Denver, CO: U. S. Geological Survey.

291. ABET Engineering Accreditation Commission. 2017. Criteria for Accrediting Engineering Programs. Available at: http://www. abet.

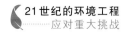
org/wp-content/uploads/2018/02/E001-18-19-EAC-Criteria-11-29-17.pdf.

292. Department for Professional Engineers. 2014. Professionals in the Workplace: Engineers. Available at: http://dpeaflcio. org/programs-publications / professionals-in-the-workplace/ scientists-and-engineers.

293. Examples include Olin College, Dartmouth College, Texas A&M University, the University of Michigan, and Smith College.

294. National Academy of Engineering. 2004. *The Engineer of 2020: Visions of Engineering in the New Century.* Washington, DC: The National Academies Press.

295. Grand Scholars Program. National Academies of Engineering. Available at: http://www.engineeringchallenges.org/ GrandChallenge ScholarsProgram.aspx.

296. Duderstadt, J. 2009. Engineering for a Changing World, Pp. 17-26 in *Holistic Engineering Education: Beyond Technology.* D. Grasso and M. Burkins, eds. New York: Springer.

297. National Research Council. 2012. *Research Universities and the Future of America: Ten Breakthrough Actions Vital to Our Nation's Prosperity and Security.* Washington, DC: The National Academies Press; President's Council of Advisors on Science and Technology. 2012. *Transformation and Opportunity: The Future of the U.S. Research Enterprise.* Executive Office of the President. Environmental Engineering for the 21st Century: Addressing Grand Challenges

298. National Academy of Sciences, National Academy of Engineering, and Institute of Medicine. 2005. *Facilitating Interdisciplinary Research.* Washington, DC: The National Academies Press; American Academy of Arts & Sciences. 2013. *ARISE 2: Unleashing America's Research & Innovation Enterprise.* Cambridge, MA.

299. National Academy of Sciences, National Academy of Engineering, and Institute of Medicine. 2005. *Facilitating Interdisciplinary Research.* Washington, DC: The National Academies Press.

300. National Research Council. 2014. *Convergence: Facilitating Transdisciplinary Integration of Life Sciences, Physical Sciences, Engineering, and Beyond.* Washington, DC: The National Academies Press; National Research Council. 2015. *Enhancing the Effectiveness of Team Science.* Washington, DC: The National Academies Press.

301. Pollack, M., and M. Snir. 2008. Best Practices Memo: Promotion and Tenure of Interdisciplinary Faculty. Computing Research Association; University of Southern California. 2011. Guidelines for Assigning Authorship and for Attributing Contributions to Research Products and Creative Works.

302. Pittman, J., H. Tiessen, and E. Montañ. 2016. The evolution of interdisciplinarity over 20 years of global change research by the IAI. *Current Opinion in Environmental Sustainability* 19: 87−93.

303. National Academies of Sciences, Engineering, and Medicine. 2017. *A New Vision for Center-Based Engineering Research.* Washington, DC: The National Academies Press.

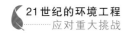
304. Palmer, M. A., J. G. Kramer, J. Boyd, and D. Hawthorne. 2016. Practices for facilitating interdisciplinary synthetic research: The National Socio-Environmental Synthesis Center (SESYNC). *Current Opinion in Environmental Sustainability* 19: 111-122.

附　录

附录A　任务说明

美国国家科学院、工程院和医学院成立了一个特别委员会,其负责研究未来数十年环境工程领域机遇和挑战。考虑到当前新兴的环境挑战,本研究描述了环境工程及其相关领域应如何发展以更好地应对需求,因此本书可以作为行动指南,帮助确定未来的研究重点。这些重大社会挑战需要使用环境工程及相关专业知识来解决或处理,因此对于每个挑战,该委员会将:

·讨论挑战的相关性、重要性和影响;

·确定与挑战相关的、需要使用环境工程专业知识来解决的关键问题和议题;

·讨论这些问题和议题背后的环境工程与相关学科的知识及实践;

·了解应对挑战需要进一步发展的领域的知识和实践。

附录 B　委员简介

Domenico Grasso（多梅尼科·格拉索），主席，现任密歇根大学迪尔伯恩分校校长。此前担任特拉华大学教务长，工程与数学科学学院院长，佛蒙特大学学术副校长，史密斯学院 Picker 工程项目创始人，康涅狄格大学土木与环境工程系主任。Grasso 教授曾是加州大学伯克利分校的访问学者、北约研究员、联合国维也纳（奥地利）总部受邀技术专家，美国环保局科学咨询委员会副主席和环境工程与科学教授协会主席，目前担任 *Environmental Engineering Science* 杂志主编。Grasso 教授的研究聚焦环境污染物的归趋，重点关注胶体、界面过程以及环境化学。他还积极参与工科教育改革，认为工科十分有望成为沟通科学与人文之间的桥梁。Grasso 教授拥有伍斯特理工学院学士学位、普渡大学土木工程硕士学位和密歇根大学博士学位。

Craig H. Benson（克雷格·H. 本森）（美国国家工程院院士）是弗吉尼亚大学工程与应用科学学院院长，也是弗吉尼亚大学土木环境工程系 Janet Scott Hamilton（珍妮特·斯科特·汉密尔顿）和 John Downman Hamilton（约翰·唐曼·汉密尔顿）讲席教授。他的研究重点包括垃圾填埋系统的工程障碍、可持续性和生命周期分析工程、可持续基础设施以及在基础设施中有效使用工业副产品。他已发表300多篇研究论文，获得3项美国专利。在弗吉尼亚大学任职之前，Benson 教授任教于威斯康星大学麦迪逊分校，担任土木与环境工程系和地质工程系主任，协同主管可持续发展办公室，并担任该大学可持续发展研究教育主任。Benson 教授是美国材料和试验协会、美国土木工程师学会会员，美国地质工程院地质工程专家,获得里海大学土木工程学士学位、德克萨斯大学奥斯汀分校土木和地质环境工程硕士学位和博士学位。

　　Amanda Carrico(阿曼达·卡里科)是科罗拉多大学博尔德分校环境研究助理教授。她是一位跨学科的环境社会科学家,研究领域涉及心理学(本科专业)、社会学和经济学,主要研究个体如何做出与环境相关的决定。她的研究重点是人们面对环境压力时行为和创新方式的采用,以及支持决策制定背后的信念和想法。她曾在美国的家庭和社区决策背景以及南亚小农农业背景下研究过这些问题。Carrico博士拥有特兰西瓦尼亚大学学士学位,范德比尔特大学社会心理学博士学位,并在范德比尔特能源与环境研究所完成了博士后的研究。

　　Kartik Chandran(卡尔蒂克·钱德兰)是哥伦比亚大学地球与环境工程系和亨利·克伦矿业学院的教授。Chandran教授的研究重点是环境微生物学和生物技术、全球氮循环的重塑、可持续卫生系统与废水处理,以及资源回收的微生物技术平台。他的实验室采用多学科策略研究自然和工程系统中的微生物群落,以更好地理解这些群落的特征及其在环境和公共卫生中的应用潜力,例如废弃物处理和对清洁水、卫生设施与条件改善的方法。Chandran教授因其将污染物和废物转化为高价值资源的工作于2015年获得了麦克阿瑟奖。他拥有印度理工学院化学工程学士学位和康涅狄格大学环境工程博士学位。

　　G. Wayne Clough(G.韦恩·克拉夫)(美国国家工程院院士)是史密森学会的名誉秘书和佐治亚理工学院的名誉校长。Clough教授曾于1994—2008年担任佐治亚理工学院的校长,于2008—2014年担任史密森学会的秘书长。他曾在杜克大学、斯坦福大学和弗吉尼亚理工大学任教,并在弗吉尼亚理工大学担任土木与环境工程系主任和工程学院院长。在来到佐治亚理工学院之前,他曾担任华盛顿大学的教务长和副校长。Clough教授的研究包括高等教育、土木工程设计和建设、数字学习社区、应对气候变化的工程解决方案、生物多样性保护和岩土工程。Clough教授拥有佐治亚理工学院土木工程学士和硕士学位,以及加利福尼亚大学伯克利分校岩土工程学博士学位。

John C. Crittenden(约翰·C.克里滕登)(美国国家工程院院士)是佐治亚理工大学土木与环境工程系Hightower教授、佐治亚州研究联盟杰出学者、布鲁克斯·拜尔斯可持续系统研究所所长。Crittenden教授的研究包括污染预防、物理化学处理过程、有机化合物的地下水传输和水处理过程建模。Crittenden教授目前的研究重点是与其他的学术机构合作,共同面对可持续发展城市基础设施系统的挑战,包括可持续材料、城市系统的高级建模和可持续的工程教育学。他也是中国工程院外籍院士,拥有密歇根大学安娜堡分校的化学工程学士学位、环境工程硕士学位和博士学位。

Daniel S. Greenbaum(丹尼尔·S.戈林鲍姆)是健康效应研究所(Health Effect Institute, HEI)的总裁兼首席执行官。Greenbaum先生领导HEI为美国、亚洲、欧洲和拉丁美洲的公共和私人决策者提供有关空气污染对健康影响的高质量的、具有相关性的和可信的科学信息,为发达国家和发展中国家的空气质量决策提供参考信息。Greenbaum先生有30多年的政府和非政府环保卫生经验。在加入HEI之前,他曾担任马萨诸塞州环境保护部专员,负责该州对《清洁空气法》的响应以及污染预防、水污染和固体废物与危险废物方面的工作。Greenbaum先生曾是美国国家科学院环境研究和毒理学委员会的成员,以及该委员会下属美国空气质量管理委员会的副主席。他曾在美国国家科学院的能源隐性成本委员会和美国环保局未来科学委员会任职。2010年,Greenbaum先生因其在推进清洁空气方面的贡献获得了美国环保局颁发的Thomas W. Zosel杰出个人成就奖。Greenbaum先生拥有麻省理工学院城市规划专业的学士和硕士学位。

Steven P. Hamburg(史蒂文·P.汉堡)是环境保护基金会(Environmental Defense Fund, EDF)的首席科学家,他负责监督和确保EDF的立场与计划的科学完整性,促进与来自不同机构和国家的研究人员的合作,并确定与EDF使命相关的新兴科学领域。Hamburg教授在EDF的研究工作中发挥着重要作用,包括量化天然气供应链中的甲烷排放以及利用新兴传感技术帮助我们理解空气污染及其对人类健康的影响。他从事有关生物、地球、化学和森林生态研究工作超过35年,并发表了100多篇科学论文。在加入EDF之前,Hamburg教授在堪萨斯大学和布朗大学工作了25年。在布朗大学,他创办并指导了沃森国际研究所的全球环境项目。1990年,他还在堪萨斯大学启动了首批全校范围的可持续发展项目。Hamburg教授曾获得多个奖项,包括因助力政府间气候变化专门委员获得2007年诺贝尔和平奖而受到该委员会的表彰,他现在是美国国家科学院环境研究和毒理学委员会的成员。他拥有瓦萨学院的文学学士学位和耶鲁大学的森林生态学硕士与博士学位。

Thomas C. Harmon(托马·C.哈蒙)是加利福尼亚大学默塞德分校的土木与环境工程系教授和主任,也是该校的创始教师之一。在加入该校之前,他曾在加利福尼亚大学洛杉矶分校的土木与环境工程系任教。Harmon教授的研究重点是测量和模拟自然与工程系统中土壤、地下水和地表水系统的流动及迁移。他是泛美研究项目美国方面的主要研究员。该项目旨在监测中南美洲的淡水生态系统,评估气候变化和当地人类活动带来的影响与风险。他拥有约翰霍普金斯大学土木工程学士学位以及斯坦福大学环境工程硕士和博士学位。

James M. Hughes(詹姆斯·M.休斯)(美国国家医学院院士)是医学(传染病学)荣誉退休教授,曾在埃默里大学医学院和公共卫生罗林斯学院担任医学与公共卫生教授,并担任埃默里抗生素耐药性中心的联合主任。在2005年加入埃默里大学之前,Hughes教授曾在疾病控制和预防中心工作,担任国家传染病中心主任、美国公共卫生服务队海军少将和助理外科医生。Hughes教授的研究范围有新兴和再发传染病、抗生素耐药性、卫生保健相关的感染、媒介传播、动物源性疾病、食源和水源性疾病、疫苗可预防疾病、传染病与生物恐怖主义的快速检测及应对,以及加强本地、国家和全球公共卫生能力的战略。他是美国国家医学院的院士,也是美国传染病学会、美国热带医学和卫生学会、美国微生物学会、美国科学促进会的成员。他曾担任美国传染病学会主席,1996年至2017年担任卫生和医学分部、美国国家医学院微生物威胁论坛的成员,2009年至2017年担任论坛副主席。Hughes教授拥有斯坦福大学的学士学位和医学博士学位。

Kimberly L. Jones(金伯利·L.琼斯)是霍华德大学土木与环境工程系的教授和主任,也是工程与建筑学院研究和研究生教育的代理副院长。Jones教授的研究包括环境应用膜工艺的开发、水和废水处理的物理化学工艺、新兴污染物的修复、饮用水质量与环境纳米技术。Jones教授目前担任美国环境保护局科学顾问委员会的委员,以及该委员会饮用水分会主席。她曾任职于水科学与技术委员会和美国国家科学院的若干委员会。她曾担任霍华德大学纳米尺度材料分子识别凯克中心的副主任。Jones教授获得了由美国国家技术协会颁发的"最佳女性科学家"奖、美国国家科学基金会的职业奖以及 *Essence* 杂志的"最佳女性成就者"奖。她还担任 *Journal of Environmental Engineering* (ASCE)的副主编。她拥有霍华德大学土木工程学士学位,伊利诺伊大学土木和环境工程硕士学位,以及约翰霍普金斯大学环境工程博士学位。

Linsey C. Marr(林赛·C.马尔)是美国弗吉尼亚理工学院暨州立大学土木与环境工程的 Charles P. Lunsford 荣誉教授。Marr 教授的研究包括表征空气污染物的排放、迁移和归趋,以提供改善空气质量和健康的科学依据。她还进行与纳米材料有关的环境问题和空气传播传染病的研究。2013年,她获得了美国国家卫生研究院主任颁发的新创新者奖。Marr 教授拥有哈佛大学工程科学学士学位和加州大学伯克利分校土木与环境工程博士学位。

Robert Perciasepe(罗伯特·珀西亚塞普)是气候与能源解决方案中心的主席,美国和国际广泛认可该组织在应对能源和气候变化挑战上的实际政策与行动方面发出的引领性的独立声音。Perciasepe 先生在政府内外担任环境政策领导者超过30年,最近担任美国环境保护局(U.S. Environmental Protection Agency,EPA)的副署长。他是环境管理、自然资源管理和公共政策方面的知名专家,并在召集利益相关者共同解决问题方面建立了良好的声誉。在 Perciasepe 先生担任副署长的2009—2014年期间,EPA 制定了更严格的汽车排放和里程标准,加强了对国家溪水和河流的保护,制定了发电厂的碳排放标准。Perciasepe 先生此前曾担任该机构水和清洁空气计划的行政助理,领导改善美国饮用水的安全性,开展降低汽油中的硫含量以减少烟雾。他是美国国家科学院环境研究和毒理学委员会、美国全国石油委员会和北美气候智能农业联盟指导委员会的成员。Perciasepe先生拥有锡拉丘兹大学的规划和公共管理硕士学位以及康奈尔大学的自然资源学士学位。

Stephen Polasky(斯蒂芬·波拉斯基)(美国国家科学院院士)是明尼苏达大学圣保罗分校环境与生态经济学的Fesler-Lampert教授。他的研究聚焦于生态学和经济学的交叉领域,包括土地利用和管理对生态系统服务与自然资源供给及价值的影响、生物多样性保护、可持续发展、环境监管、可再生能源、公共财产资源等。Polasky教授也是美国科学艺术研究院院士、美国科学促进会和环境与资源经济学协会的会员。他拥有威廉姆斯学院学士学位和密歇根大学经济学博士学位。

Maxine L. Savitz(玛克辛 L.萨维茨)(美国国家工程院院士)是霍尼韦尔公司(前身为Allied Signal)技术/合作部的前总经理,担任过两届美国国家工程院副院长(2006—2014年)。Savitz教授于2009年被任命为总统科学技术顾问委员会成员,一直工作至2017年,还曾担任过该委员会联合副主席(2010—2017年)。Savitz教授曾在美国能源部及其前身机构工作(1974—1983年),担任过副助理部长一职。Savitz教授还是太平洋西北国家实验室和桑迪亚国家实验室的顾问,并担任麻省理工学院资助研究项目的临时委员会成员。她曾担任过董事会成员的机构有美国节能经济委员会、喷气推进实验室、美国国家科学委员会、能源部咨询委员会、国防科学委员会、电力研究所、德雷珀实验室和能源基金会。Savitz教授的获奖和荣誉包括2013年当选为美国艺术与科学学会会员;

2013 年 C3E 终身成就奖;1998 年奥顿纪念讲座奖(美国陶瓷学会);1981 年美国能源部杰出服务奖章;1980 年获总统功勋军衔奖;1979 年及 1975 年获《工程新闻纪录》嘉许,表扬其对建造业的贡献;1967 年获得医学研究与开发指挥部指挥官科学卓越奖。Savitz 教授在多个美国国家研究理事会委员会工作并参与多个国家科学院的活动。她是工程与物理科学分部委员会成员。Savitz 教授在布林莫尔学院获得化学学士学位,在麻省理工学院获得有机化学博士学位。

Norman R. Scott(诺尔曼 R. 斯科特)(美国国家工程院院士)是康奈尔大学农学与生命科学学院和工程学院的生物与环境工程系名誉教授。他在康奈尔大学工作了 40 多年,其中有 14 年是在担任康奈尔大学农业实验站研究主任和高级研究会副主席,于 2011 年退休。Scott 教授早期对动物体温调节的研究对于定义目前依旧重要的广泛生物工程主题至关重要,最近的研究包括可持续社区的发展,重点是可再生能源,包括生物能源、生态系统管理和工业生态学,并于 2009—2015 年担任国家学院农业和自然资源委员会主席。他拥有华盛顿州立大学农业工程学士学位和康奈尔大学博士学位。

R. Rhodes Trussell(R. 罗兹·特拉塞尔)(美国国家工程院院士)是特鲁塞尔技术公司(Trussell Technologies Inc.)的创始人和董事长,这是一家专注于工艺和水质的小型公司。Trussell 教授是水质标准和达标方法方面的权威专家。他曾参与设计众多的水处理厂,处理能力从 1 加仑/分钟到 10 亿加仑/天不等。Trussell 教授对新兴水源,特别是废水再利用、海水淡化和污染地下水的修复非常感兴趣。在创立特鲁塞尔技术公司之前,他在 MWH 环球工程咨询公司工作了33年,见证了该公司从加利福尼亚50人的公司发展成为一个在40个国家运营的、拥有6800名员工的跨国公司。在MWH期间,他晋升为应用技术总监和企业发展总监,同时成为董事会和执行委员会的成员。Trussell教授在美国环境保护署的科学咨询委员会工作了10多年,担任国家科学院的11个委员会以及水科学和技术委员会主席,也曾担任国际水协会的科学技术委员会、两个编委员会以及五次全球大会的计划委员会成员。Trussell教授拥有加州大学伯克利分校的环境工程学士、硕士和博士学位。

Julie Zimmerman(尤丽叶·齐默尔曼)是一位国际知名工程师,担任耶鲁大学化学与环境工程系和林业与环境研究学院的双聘教授以及学术事务高级副院长,其工作重点是推进可持续技术的创新。她的开创性工作奠定了其研究领域的基本框架,并在2003年发表了"绿色工程的十二个原则"。这一框架体现在她的研究团队的多项成果中,包括综合生物炼制的突破性进展、设计更安全的化学品和材料、用于水净化的新型材料以及对水—能源联系的分析等方面。在进入耶鲁大学之前,Zimmerman教授曾担任美国环境保护署的项目经理,她建立了国家可持续设计竞赛,P3(People,Prosperity,and Planet,即人民、繁荣和地球)吸引了来自美国数百所大学的设计团队的参与。Zimmerman教授是教科书 *Environmental Engineering:Fundamentals,Sustainability,Design* 的合著者。该教科书被使用在许多一流大学的工程课程中。Zimmerman教授拥有弗吉尼亚大学的学士学位和密歇根大学工程学院和自然资源与环境学院联合授予的博士学位。此外,Zimmerman教授是 *Environmental Science & Technology* 杂志的副主编,也是康涅狄格科学院的成员。